ゼロから学べる

ブログ運営×集客×マネタイズ

人気ブロガー養成講座

菅家 伸（かん吉）
静岡ライフハック研究会責任者
日本アフィリエイト協議会理事

ソーテック社

はじめに

「見て見て、すごいでしょ！」

　ブログ運営に迷走していた2008年。知り合いの主婦ブロガーから、とんでもない事実を教えてもらいました。見せてもらったのは、ASP（アフィリエイト・サービス・プロバイダー）の管理画面です。説明を受けて、仰天しました。私の価値観は180度ひっくり返りました。
　主婦ブロガーさんのブログでは、お勧めの商品を紹介した記事をポストすると、その直後から商品が一気に売れ始めます。一記事で数千件の申し込みを受けたこともあるそうです。

　脳天をぶん殴られたような気分になりました。
　私もブログを運営していましたが、ブログで商品を紹介してもすぐには売れませんでした。後日、検索エンジンのランキングが上位に上がってくれば、ポツポツ売れる感じです。ブログを定期的に読んでくれる読者がいなかったのです。

　主婦ブロガーさんのブログは違いました。彼女のブログには、記事をポストすれば確実に読んでくれる数千人のリピーター、つまり「ファン」がいました。長年、読者にとって有益な記事をポストし続けることで、ファンを着実に増やしてきたのです。「読者のために記事を書く」ことの大切さ、そして「ブログの本当のすごさ」を理解できました。

　私は、2003年からウェブサイト作りを本格的に始めました。当初の目的は「お金」でした。サイトに広告を掲載すると、お金を稼げることに気がついて、夢中になりました。インターネットビジネスの可能性に気がつき、会社をやめて独立してしまいました。

　当時のネット集客は、検索エンジンが主流でした。検索エンジンの性能が悪かったので、小手先テクニックを利用すれば、意図的に検索順位を上げて集客をすることが可能でした。私もテクニックを利用して、多くのアクセスと収益を得たこともありました。しかし、長くは続きませんでした。
　Googleは世界中から優秀なエンジニアや科学者を集めて、検索アルゴリズムを改善し始めたのです。小手先のテクニックは次々と使えなくなりました。私も自分が何をしているのか、わからなくなってきました。他人に自分の仕事の内容を上手く説明できませんでした。
　そんな時に主婦ブロガーさんとお会いして、はっと気がついたのです。検索エンジンではなく、「人」に対して記事を書くべきなのだと。多くのファンが読んでくれるようなブログを運営したいと思うようになりました。

　どうしたら、多くのファンがつくようなブログを作ることができるのでしょうか？　主婦ブロガーさんは、読者に有益な情報だけを、惜しみなく公開していました。私は人気のあるブログを片っ端から読みあさりました。そして、一つのアイデアが浮かびました。「ブログから広告はすべて排除。読者が喜ぶ記事だけを書く」というものです。
　商品を紹介して売り込むような記事ばかりのブログは、読んでいて面白くないと、つねづね感じていました。ところが、自分自身を振り返れば、まったく同じことをしていたのです。

「なんてことだ。ならば、儲けは度外視して、読者を喜ばすことだけを考えよう！」

　広告ありきの記事更新はやめて、日々の生活の中での気づきや、お得情報など、読者のためになる記事を書くようにしました（Amazonと楽天だけは、商品画像を利用する目的でリンクを設置していました）。
　すると、なんということでしょう。みるみるうちに、読者が増えていきました。ちょうどTwitterがブームで、Facebookが追従して拡大してきたタイミングでした。ソーシャルメディアの波にうまく乗れたことも大きかったです。読者は一気に増えて、最高で月45万PVまで増えました。

　約1年半後に、自然な配置で広告を設置しました。すると、以前の何十倍もの収益が得られました。広告を掲載しなかった期間の売り上げを、一か月で取り戻せました。
　私は理解しました。ブログはいきなり収益化を目指すのではなく、まずは読者のために全力を尽くすことが大切だと。読者が増えれば、収益は後からいくらでもついてくるのです。

　本書では「人気ブロガー養成講座」と題して、ブログを成長させて人気ブロガーになる方法をまとめました。**収益化よりも、まずは読者、ファンが多いブログを作ることを目標とします**。
　収益化の方法は、一番最後にまとめました。ブログからの広告収入だけでなく、ブログ以外からの収益化の可能性もあります。別の大きなビジネスに発展することもあります。ブログはみなさんの夢を実現するための道具にすぎません。ブログだけにとどまらず、可能性を大きく持ちましょう。
　ネットでてっとり早くお金を稼ぎたいのであれば、アフィリエイト関連の本を読んだほうが早いかもしれません。しかし、アフィリエイト目的でブログを運営してお金を稼いでも、周りから尊敬されたり、感謝されることはありません。マズローの欲求5段階説によれば、人の欲望はより高次へ向かいます。本書では、**人気ブログを運営することで承認欲求を満たしつつ、経済的な基盤を作ることを目指します**。

　本書の内容は、著者の経験が元になっています。できるかぎり根拠となる科学法則や、世の経験則を添えました。ただし、同じように実践しても成功できるとは限りません。真逆のことをして上手くいくこともあるでしょう。なぜなら、ネット上のルールは常に変化するからです。本書をきっかけとして、実際に活動してみて、結果を見ながら自分でアレンジしてください。
　MEMOと称して、著者の具体的な経験を紹介しました。中には目も当てられないような失敗談も書きました。炎上を経験して、二度と炎上したくないと心に誓ったこともあります。生々しいブログ運営の様子をイメージできるでしょう。本書が、みなさんのブログの成功の一助となれば、幸いです。

2016年8月
午後になっても気温が下がらず、空は真っ青。うだるような暑さの静岡市の自宅にて

Contents

はじめに 002

Part 1 ブログが成功すると人生が変わる　009

Section 01-01	なぜ、いまブログが注目されているのか 010
Section 01-02	ブログが人生の母艦になる 014
Section 01-03	お金は目標ではなく結果 016
Section 01-04	本書で目指す人気ブログの姿とは 018
Section 01-05	ブログ運営のPDCA 020
Section 01-06	ブログをはじめるのに必要なもの 022
Section 01-07	まずは三ヶ月毎日書くことで自分の個性が見える 024
Section 01-08	無料ブログとWordPressのどちらでブログを作成するか 027

Part 2 ブログコンセプトを考える　029

Section 02-01	ブログコンセプトの重要性 030
Section 02-02	マーケティング的ブログ差別化戦略 034
Section 02-03	自分の棚卸をしてみよう 036
Section 02-04	ターゲットを決める 038
Section 02-05	ブログ名を決める 040
Section 02-06	ドメイン名を決める 042
Section 02-07	ブログデザインを決める 044
Section 02-08	「雑記ブログ」と「専門ブログ」どちらがいい？ 047

Part 3 成果を出す記事ライティング　049

Section 03-01	ブログの記事に文章力は必要ない？	050
Section 03-02	記事タイトルの極意	052
Section 03-03	読者の興味を引く5つのタイトル作成法	054
Section 03-04	文章は分割し小見出しを入れる	056
Section 03-05	最後まで読ませる記事とは	058
Section 03-06	太字を上手く利用する	060
Section 03-07	画像を必ず入れよう	062
Section 03-08	ブログ用のきれいな写真の撮り方	064
Section 03-09	本文の締め方	067
Section 03-10	書評にチャレンジしてみよう	069
Section 03-11	「レビュー記事」をマスターする	072
Section 03-12	グルメレポートにチャレンジしてみよう	074
Section 03-13	スマートフォンで書く	076
Section 03-14	記事を推敲する	080
Section 03-15	自分の成長をコンテンツにする	082
Section 03-16	成長している話題に乗る	084
Section 03-17	読者が喜ぶ記事を書く	086
Section 03-18	法律違反に注意	087
Section 03-19	トラブルを最高のネタにする考え方	088
Section 03-20	節約術は最強のブログネタ	089
Section 03-21	まとめ記事はアクセスが集まる	090
Section 03-22	記事がかけない時は4行日記フォーマット	092
Section 03-23	ネタ集めの秘訣と整理方法	094

Part 4 ブログへの集客　095

Section 04-01	マーケティング的ブログ集客戦略	096
Section 04-02	集客をリピーター増加につなげる	098
Section 04-03	ブログとソーシャルメディアは補完関係にある	103

Section 04-04	Facebookページを準備しよう	106
Section 04-05	Twitter/はてなブックマークなどの準備	110
Section 04-06	ソーシャルボタンを設置しよう	112
Section 04-07	OGPタグを設置しよう	119
Section 04-08	ブログ記事をソーシャルメディアにポストしよう	125
Section 04-09	定期更新をする	128
Section 04-10	バズを起こす	130
Section 04-11	バズを畳み掛ける	132
Section 04-12	フォロアーを増やす・フォロアーと交流する	134
Section 04-13	ネガコメへのスルー力を身につけよう	137
Section 04-14	お気に入りに入れてもらう	138
Section 04-15	自己責任でセルフブックマークを行うなら	139
Section 04-16	SEOの基本を学ぶ	144
参考-01	Twitterで複数の画像付きでツイートする	146
参考-02	Facebookのapp_idを取得する	148
参考-03	はてなブックマークIDとブログを紐付けする	150
参考-04	ソーシャルメディアとはてブを連携する	153

Part 5 ブログの状態をチェックする 155

Section 05-01	自分のブログを客観的に評価する	156
Section 05-02	Google Analyticsを設定する	158
Section 05-03	Googleサーチコンソールを設定する	160
Section 05-04	アナリティクスでチェックするポイント	164
Section 05-05	TwitterとFacebookのページ解析	166
Section 05-06	ソーシャルコメントを確認する	170
Section 05-07	具体的な行動目標を立てよう	172
Section 05-08	Google Analyticsの目標機能を利用しよう	174
Section 05-09	Serposcopeを利用しよう	177

Part 6　ブログのユーザビリティを高める　181

Section 06-01	「スマホファースト」の視点でブログを運営する	182
Section 06-02	モバイルフレンドリーテストを実施してみよう	186
Section 06-03	読みやすいテキストのデザインを考える	188
Section 06-04	ブログの表示速度を上げる	192
Section 06-05	記事を見つけやすくする	198

Part 7　ブログを飛躍させる　203

Section 07-01	魅力的なプロフィールの書き方	204
Section 07-02	プロフィールアイコンは「なりたい自分」	206
Section 07-03	ターゲットの心に刺さる記事を書く	208
Section 07-04	言いたいことは何度でも書く	210
Section 07-05	賑わいを演出する	212
Section 07-06	ブログのコンセプトを見直す	214
Section 07-07	コメントフォームの有効性	216
Section 07-08	他ブログの記事を紹介する	218
Section 07-09	イベントに参加する	219

Part 8　ブログマネタイズ　221

Section 08-01	ブログ収益化方法を知る	222
Section 08-02	Google AdSenseをはじめる	224
Section 08-03	アフィリエイトをはじめよう	230
Section 08-04	楽天市場とAmazonと提携する	232
Section 08-05	ASP（アフィリエイト・サービス・プロバイダー）の利用方法	234

Section 08-06	アフィリエイトの具体的な導入のしかた	236
Section 08-07	ブログの利益の源泉は「信用」である	238
Section 08-08	「売らずして売る」とは	239
Section 08-09	最初は広告を掲載しない戦略	240
Section 08-10	毎日の生活を収益化する	242
Section 08-11	記事広告は絶対にチャレンジする	244
Section 08-12	収益性の高いミニサイトを作る	246
Section 08-13	有料コンテンツを作成する	248
Section 08-14	リアルビジネスにつなげる	250

おわりに	252
参考書籍	254
INDEX	255

Part 1

ブログが成功すると人生が変わる

人気ブロガー養成講座へようこそ！ ブログは人生を変えてしまうほどの可能性を秘めています。趣味が充実したり、交流が広がったり、ビジネスへの展開や収入アップが期待できます。夢の実現を後押ししてくれます。多くのファンを持つブログを目指しましょう。仮説を立てて、実践して、検証して、改善する。ブログのPDCAサイクルを速く回して、チャレンジの回数を増やすことで、成功する確率が上がります。

Section 01-01 なぜ、いまブログが注目されているのか

最近、ブログが見直されてきています。「プロブロガー」と呼ばれるブログ収入で生計を立てるブロガーが現れ、大手企業もブログを立ち上げて、多くのコンテンツを投下しています。スマートフォンの普及により、人々がネットを利用する時間が増えていることが背景にあります。

ブログで生計を立てる「プロブロガー」の存在が世の中に認知された！

　ブログが注目されるようになったきっかけのひとつに、2012年に出版されたプロブロガー本「必ず結果がでるブログ運営テクニック100 プロ・ブロガーが教える"俺メディア"の極意」があります。それまでブログは、ソーシャルメディアに押されていた感がありました。また、「ブログでお金儲けをするなんてもってのほかだ！」という雰囲気もありました。

　ところが、トップブロガーのコグレマサトさん、するぷさんのお二人が、「プロブロガー」と名乗り、書籍を出版しました。既存の個人ブロガーの多くが、「ブログでお金を稼いでも良いんだ」と、気が付きました。プロブロガー宣言するブロガーが増えて、久々にブログ界隈が盛り上がりました。余波は今も続いていて、多くの人がブログにチャレンジしています。

必ず結果が出るブログ運営テクニック100
プロ・ブロガーが教える "俺メディア" の極意
出版社　インプレスジャパン
著　者　コグレマサト、するぷ

この本に夢を抱いた人は多いはず！

大手企業もブログを運営している

　企業もブログに力を入れてきています。「オウンドメディア」と呼ばれているメディアは、要するに自社ブログのことです。企業が自ら、商品開発の裏話や社員の声などをブログで配信しています。

　大手企業が自らブログを運営する背景には、従来の広告が効かなくなったことがあります。テレビを観る時間が減り、スマホの画面を眺めている時間の方が長い人が増えています。スマホに広告を掲載できればよいのですが、スマートフォンの狭い画面で、目立つように広告を掲載してしまうと、読者は嫌がります。人々のネットリテラシーが向上して、不自然な広告を避けて行動するようになっています。

　最近は「コンテンツマーケティング」と呼ばれる、読者にとって有益な記事をポストして、口コミを誘発させて集客する手法が伸びています。「面白い記事を書いて、人々の関心を引きつける」という当たり前の方法に行きついたのです。

> **MEMO**
> **コンテンツマーケティングとは**
> ネットでは長らく、検索エンジンによる集客がメインでした。検索エンジンの性能が十分ではなかった頃は、しっかり記事を書くよりも、検索エンジンの性能の不備を突く「スパム」の方が、集客できたのです。しかし、近年はGoogleがパンダ、ペンギンといったスパムを駆逐するアルゴリズムを開発し、ソーシャルメディアが普及したことにより、小手先の「ズル」ができなくなってきました。有益な面白い記事で人を集めるという本質的な手法「コンテンツ・マーケティング」が、見直されてきているのです。

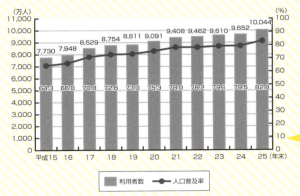

平成26年版　情報通信白書より
http://www.soumu.go.jp/johotsusintokei/whitepaper/ja/h26/pdf/n5300000.pdf

Part 1 ブログが成功すると人生が変わる

大手新聞社、出版社がブログでの情報発信に参加

　大手の新聞社や出版社もネットを利用した情報配信に力を入れています。目立つところでは、新聞社だと日経新聞、雑誌だと東洋経済や週刊現代が、多くの記事をブログにポストしています。プロのライターによる記事は、読み応えがあります。書籍や雑誌の売り上げは年々減少しています。出版社の目的は「コンテンツを読者に届ける」ことであり、その方法は紙媒体である必要はなく、スマートフォンでも良いわけです。物書きのプロ集団が、ブログを利用してネットに攻勢をかけてきているのです。

日経新聞、東洋経済オンライン、現代ビジネス。毎日多くのコンテンツが投稿されている

日本経済新聞
http://www.nikkei.com/

東洋経済オンライン
http://toyokeizai.net/

現代ビジネス
http://gendai.ismedia.jp/

012

個人でも勝てる！

現在のブログ界は、プロブロガーと大手企業が入り乱れての空中戦をしている状態です。これからブログを頑張りたくても、弱小の個人ブログが立ち入るのは難しいと感じてしまうかもしれません。しかし、スマートフォンの普及により、インターネット人口は年々増えていて、利用時間は増加しています。人々の興味や趣向は細分化されてきています。ニッチな分野であれば、個人でも活躍できる場は十分残っているのです。ニッチといえど、インターネットを利用すれば日本全国、世界中から集客できます。自分の周りには、2～3人しか同じような趣味を持っている人がいなくても、全国なら数千人、世界中なら数万人の読者がいる可能性があります。個人的な趣味の発信からはじまり、読者が増え、ビジネスやライフワークにつながっていく可能性があるところがブログの魅力です。

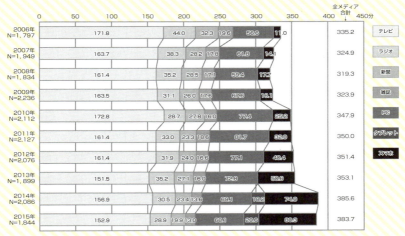

博報堂ＤＹメディアパートナーズ「メディア定点調査2015」より
http://www.hakuhodody-media.co.jp/wordpress/wp-content/uploads/2015/07/HDYmpnews201507071.pdf

パソコン＋タブレット＋スマートフォンの利用時間がドンドン増えている

Section 01-02 ブログが人生の母艦になる

日々の生活や仕事、趣味でチャレンジしたことをブログに書き残していきましょう。経験の記録は必ず他の人の役に立ちます。自分の実績にもなります。ブログには人がらがにじみ出ています。実際に会うよりも理解し合えます。人生の母艦となるブログがあると、自分のことを効率よくアピールできます。

過去の活動は資産になる

　世の中の競争が激しくなっています。人気商品は短期間で入れ替わり、ウェブサービスやアプリは一時的にヒットしても、すぐにライバルが現れて埋没してしまいます。本を出版しても、似たような本が次々と出版されます。常に新しいものを作り続けないと、現状を維持できないのです。

　作り上げたものが時間の経過と共に廃れてしまうのは仕方がありません。しかし、過去に何かを成し遂げた事実は消えません。達成したことは、実績として確実にブログに残しましょう。

　仕事や趣味、日々の生活で自分がチャレンジしたことをブログに書き残していくのです。ブログは自分の活動の受け皿になってくれます。過去の自分の活動が、資産として形成されていくのです。

ブログは履歴書になる

　愛読しているブログの運営者とオフ会などで実際に会ってみると、初めて会った気がしないことは良くあります。ネットを通じて、相手の日々の活動の様子や考え方にいつも触れているからです。

　定期的に更新されているブログの文章には、ブロガーの人がらがにじみ出ています。これから、ブログやソーシャルメディアが履歴書よりも重視される時代がやってくるでしょう。履歴書を読むよりも、相手のブログ記事を読んだ方が、人間性をより理解できるからです。自分の活動をしっかり記録に残していきましょう。ブログが、あなたのことをしっかりとアピールしてくれます。

過去の実績が「プロフィール」になる

過去の経歴は、「プロフィールページ」を作って詳しく記載しておきましょう。

どんな経歴の人がブログを運営しているのか、読者は気になります。例えば、体のどこかが痛くなり、病名や原因をGoogleで検索したとします。書き手の素性が良くわからないブログと、お医者さんのブログ、どちらを読みたいかと問われたら、おそらくほとんどの方がお医者さんのブログを選ぶでしょう。

どこぞの誰が書いたかわからない記事より、専門家であるお医者さんが書いた記事の方が信用できるからです。詳しいプロフィールは、ブログに信用を与えます。プロフィールの書き方は204ページから説明します。

これまでの経歴をプロフィールに詳細に記そう！

再スタートのときにもゼロからスタートし直さなくていい

新しいビジネスをはじめるとき、普通はゼロからの再スタートです。しかし、すでにファンがいるブログを持っているならば、ゼロからスタートする必要はありません。自分のブログを通じて、新しいビジネスを多くの人に紹介できるからです。

これは、大きなアドバンテージです。自分のキャリアやビジネスが落ち目の時期でも、ブログから広告収入を得られます。ブログが経済的に強い支えになってくれるでしょう。

> **MEMO**
>
> **ブログを運営しなかった後悔**
>
> 筆者がブログを始めてから、10年以上が経ちました。「もっと早い時期からブログを始めていたらよかったのに……」と思うときがあります。
> 20年ほど前、学生時代のときにインターネットと出会い、研究室のサーバーに簡単なホームページを立ち上げていました。その後、卒業して社会人になってから5年ほど、ホームページはお休みしました。今思えば、5年間がもったいなく感じます。ブログは自分史であり、備忘録になります。一番最初に立ち上げたホームページは消されていて、もうありません。ブログは長く続けるほど信頼されやすいです。データだけでも取っておけばよかったと後悔しています。

Section 01-03　お金は目標ではなく結果

ブログ運営による収入に期待する人は多いはずです。しかし、ブログを始めてすぐに広告を設置しても、1円も得られないでしょう。読者がいないと収益は発生しないからです。お金を目的にしてしまうと、ブログ運営はうまくいきません。まずは、自分の好きなことをブログで頑張ることから始めましょう。

お金は一番最後にやってくる

　ブログを始める多くの人が、「あわよくばブログから副収入を」と思っているはずです。しかし、お金を稼ぐことを目的にしてしまうと、うまくいかないことが多いです。

　なぜなら、お金を稼ぎたい気持ちがブログ記事に滲み出てしまうからです。お金儲けをしようとしている人のブログを、あなたは毎日読みたいと思いますか？ 思いませんよね。他人のお金儲けの手伝いなんて、したくないはずです。

　ブログに共感が集まり、ブログの信用となり、最終的にお金に結びつくかもしれませんが、あくまで結果です。ところがブログを始める多くの人は、いきなりお金儲けを目指してしまいます。信用を築くという一番大切な部分を飛び越えて、直接お金に向かってしまうのです。

お金は一番最後にやってくるもの。途中の過程をすっ飛ばしてお金を目指してしまう人が多い

優秀な店員やセールスマンなら、いきなり商品を売り込んだりしません。まずはお客さんとしっかりコミュニケーションをとり、「このお店は（人は）信用できる」と感じてもらうところから始めます。ブログも同じです。

　お金儲けが悪いわけではありませんが、お金を目標にすると良いブログは作れません。まずはお金のことは忘れて、信用されるブログを目指しましょう。ブログが成長すれば、お金は自然とついていきます。

■ 簡単なことではないからこそ、一度波に乗ったらあっという間だった

　人気ブログは、簡単には作れません。何年もかかる場合もあります。著者のブログ「わかったブログ」は、ブレイクするまで4年以上かかっています。しかし、ファンを増やし、ブログに信用がついてくることがお金よりも大切なことだと考えて運営してきました。一度波に乗ったらあっという間でした。本書には、ブログで手っ取り早くお金を稼ぐ方法はありません。もし、そういう方法をお探しであれば、（まともな方法は存在しないと思いますが）別の本を読むことをお勧めします。

自分が好きなことを他人のために頑張る

　会社勤めをしていると、会社の利益が最優先です。時にはやりたくない仕事を任されることがあります。ブログでは、やりたくないことをする必要はありません。自分が大好きなことだけに、エネルギーと情熱を注ぎ込めます。

　成功するには、多くの人を助けたり喜ばせたりする必要があります。他人に与えることが成功の源です。与えてもらうことではありません。

　ブログを利用すると、「自分が大好きなことをする」と「他人のためにしてあげる」、つまり、「自分が好きなことを他人のために頑張る」ことによる成果を、多くの人に届けられます。例えば、野球が好きで、ボランティアで子供たちに野球を教えているなら、指導ノウハウをブログで紹介してみるとよいでしょう。指導記録にもなるうえ、興味がある人が読んでくれます。口コミが広まれば、より高いレベルでのコーチ職や、講演、個別レッスンなどのオファーが来ることもあります。

■ サービス精神が大事

　自分に尽くしてくれるものに、人々は集まります。仕事でも、生活でも、予想以上のサービスをしてあげると、相手から信頼されるようになります。ブログも同じです。自分が良いと思うこと、読者のためになると感じることは、出し惜しみせず、記事に書いていきましょう。読者へのサービス精神が積み重なって、大きな差別化となっていくのです。

Section 01-04 本書で目指す人気ブログの姿とは

本書が目指す「人気ブログ」は、ただページビュー数が多いブログではありません。「ファンが多いブログ」こそが本物の人気ブログであり、本書が目指すゴールです。多くの人に共感され、多くの人が定期的に読んでくれるブログです。当たり障りのない記事ばかり書いていてはファンは増えません。独特の世界観を持ったブログにファンは集まるのです。

人気ブログは「ファン」が作る

人気ブログの定義には、色々な考え方があります。ページビュー数こそすべてと考える方もいるでしょう。確かにページビュー数は大切です。ネット広告の見積もりは、ページビュー数が利用されます。広告は表示される回数が重要だからです。

ページビュー数をブログ成長の指標にしても良いのですが、気をつけるべき点があります。ページビューの流入源です。

ブログの一記事が、たまたまビッグキーワードで検索エンジンで一位になって、多くの読者が検索エンジン経由でやってくるケースは、よくあることです。素晴らしいことですが、検索エンジン上位＝人気ブログとは言えません。なぜなら、検索エンジンの順位は永遠には続かないからです。順位が下がれば、アクセスは一気に減少します。

では、人気ブログをはかる指標とは何でしょうか？　本書では「リピーター」の数こそが人気ブログの指標であると定義します。つまり「ファンの数」です。ファンとは毎回、自分の意思でブログを読みに来てくれる人のことです。何らかの理由で検索流入が無くなってしまったとしても、熱烈なファンが100人いれば、記事をポストするたびに確実に100PVがカウントされます。さらに、ファンは気に入った記事を口コミで拡散してくれます。ファンの存在こそが、ブログの原動力になるのです。

SNSのフォロアーを1,000人持つブログを目指す

ファンは色々な方法でブログを読んでくれます。ブラウザの「お気に入り」や、RSSリーダーといった旧来の方法だけでなく、TwitterやFacebookといったソーシャルメディアでブログ更新を確認する読者もいます。

本書では特に、ソーシャルメディア経由の読者（SNSのフォロアー）を重視します。

なぜなら、ソーシャルメディア経由でブログを読んでくれる読者は、共感した記事をソーシャルメディアでシェアしてくれるからです。お気に入りやRSSリーダーでは、読者がブログを読んだらそれで終わりですが、ソーシャルメディアならば、シェアしてくれると、10人、100人と、アクセス数が増幅していく可能性があります。まずはTwitterとFacebook（Facebookページ）で、1,000人以上のフォロアーを目指してみましょう。1,000人いれば、ブログに多くのアクセスが集まるようになります。SNSでの活動については、Part4にて詳しく解説します。

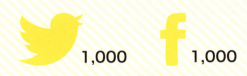

まずはSNSで1,000人のフォロワーを持つブログに！

世界観を持ったブログにファンは惹かれる

万人受けするような当たり障りのない記事ばかり書いていても、人々の心を引き付けられません。得意なジャンルを掘り下げたり、自分の意見を世に問うような、エッジの効いた記事を書くことで、ブログに独特の世界観が生まれます。ブログの個性となり、他との差別化になります。反対意見のコメントが来るかもしれません。怖がらず、自分の意見を全面に押し出しましょう。

炎上マーケティングはお勧めしない

炎上だけはやめましょう。炎上すると、多くのコメントやシェアが発生し、一気に多くのページビューを得ることもありますが、意図的に炎上を狙う方法はお勧めできません。

よくある炎上の例は、特定の人やグループを攻撃するような記事をポストして、反論が来て炎上するパターンです。他人を攻撃すると、自分が相対的に優位に立てる気がして気持ち良いです。しかし、次は自分が攻撃されるようになります。報復すると、報復される。また報復する。その繰り返しです。不思議なもので、似た者同士が引きつけられて集まってくるので、止まりません。一度炎上スパイラルに入ってしまうと、抜けられなくなります。炎上に疲れ果てて、姿を消したブログは多いです。続かなくては人気ブログは作れません。読者からリスペクトされるようなブロガーを目指しましょう。

Section 01-05 ブログ運営のPDCA

ブログを早く成長させたければ、改善を続けることが大切です。ブログコンセプトを決める。記事をポストしたら、ページビュー数やソーシャルメディア上でのシェアやコメントといった、読者の反応を確認する。どうすればもっと読者に喜んでもらえるか仮説を立てる。対策を実施して効果をチェックする。PDCAサイクルを回すことで、ブログをブラッシュアップしましょう。

ブログは常に改善する

人気ブログを作るためには、ただ漠然とブログ記事を更新するだけでなく、常に改善していく意識が必要です。

ちょっとした誤字脱字を修正することはもちろんのこと、ブログの文字の大きさや、ブログパーツの設置位置の調整など、気になることは積極的に改善しましょう。

ブログのコンセプト、記事のテーマ、ブログ全体のデザインといった、大きなところはもっと大切です。どうすれば読者が喜んでくれるのか、読者が増えるのかを、貪欲に考えましょう。

PDCAサイクルを理解する

ブログ運営の中で試したことは、やりっぱなしではなく、必ず評価をしましょう。ビジネスの現場で利用されている「PDCAサイクル」は、ブログでも活用できます。

Plan（計画）	従来の実績や将来の予測などをもとにして業務計画を作成する
Do（実施・実行）	計画に沿って業務を行う
Check（点検・評価）	業務の実施が計画に沿っているかどうかを確認する
Action（処置・改善）	実施が計画に沿っていない部分を調べて処置をする

wikipedia PDCAサイクル https://ja.wikipedia.org/wiki/PDCAサイクル　より引用

Plan（計画）→ Do（実行）→ Check（評価）→ Action（改善）の4段階を繰り返すことで、ブログを改善していきます。

ブログのPDCAサイクルは次ページの図のようになります。

ブログのコンセプト（Plan）、記事作成と集客（Do）、アクセス解析による評価

（Check）、さらなる改善（Action）からなるPDCAサイクルを意識して、ブログを運営しましょう。本書では、PDCAにそって解説します。

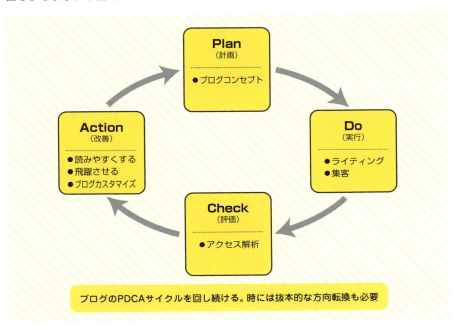

ブログのPDCAサイクルを回し続ける。時には抜本的な方向転換も必要

仮説力をつける

　ブログを成長させていく方法はさまざまです。あるブログでは有効だった施策が、別のブログで上手くいくとは限りません。ブログのコンセプトやテーマによって、最善策は異なるからです。本書に書いてあることも、すべてが正しく、上手くいく方法とは限りません。しかし、「こうすれば上手くいくはずだ」と仮説を立て、実際に試し、結果を評価して次の仮説を考えるPDCAサイクルを回し続ければ、ブログは確実に成長します。一番大切なのは、「良い仮説」を立てることです。他のブログや、テレビ番組や書籍が参考になります。仕事や趣味、レジャーの中にもブログを成長させるヒントはたくさんあります。ブログに応用できることを、日ごろから探しましょう。

> **MEMO**
> **仮説のヒントはいろんなところに**
> 店舗で従業員として働いた経験のある方なら、ブログをお店、読者をお客さんと考えると、経験を活かせるはずです。お客さんが喜んでくれたことや、クレームを受けたことは、そのままブログに当てはまることが多いです。店舗運営ノウハウに関する書籍は参考になります。高田靖久さんの「お客様は『えこひいき』しなさい！(中経出版)」はお勧めです。

Section 01-06 ブログをはじめるのに必要なもの

ブログを続けるには、時間と労力が必要です。しかし、日々忙しい中で、新たな負荷を増やすのは、簡単ではありません。人気ブログを作る強い決意があれば、毎日の生活を変えてでも、ブログを続けることができるはずです。

ブログをはじめるのに必要なもの① 時間の確保

　ブログ記事を書く時間が必要です。しかし、一日は24時間しかありません。仕事や家事などが毎日びっしり詰まっていて、ブログを書く時間を新たに捻出するのは難しい……。となると、答えは一つ。何かをやめるしかありません。例えば、深酒や夜更かしのテレビをやめて、早起きする。パチンコをやめる。残業を少なくする……などです。自分がどんな時間の使い方をしているかを、一週間分書き出して、無駄な時間の使い方がないか、徹底的に見なおしてみましょう。睡眠時間を削るのはお勧めしません。眠たい状態では集中力が切れて良い記事が書けませんし、大切な本業に影響が出てしまいます。睡眠以外の時間を削り、記事を書く時間を捻出しましょう。

　一日1時間くらいブログに充てられれば、ブログ運営をスムーズに回せるようになるでしょう。

ブログをはじめるのに必要なもの② 自分で何とかする粘り

　ブログの普及によって、インターネット関連の知識がない人でも簡単に記事をネットにポストできるようになりました。それでも、ちょっと難しいことをしようとすると、HTMLコードの修正が必要だったり、プログラムを利用することになります。そんなとき、自分で何も考えず、質問サイトなどに投稿して回答を待っていては、時間は過ぎてしまい、モチベーションが下がってしまいます。わからないことがあれば、まずは自力で調べてみましょう。Googleで検索すれば、たいていのことは解決できます。良いと思ったことはすぐに実践しましょう。改善サイクルを短時間で回すのです。

ブログをはじめるのに必要なもの③ 半歩前のめりになる姿勢

　居心地が良いところに留まっている限りは、面白い記事は書けません。ただ漠然とブログを更新しても、読者の注目を集めることは難しいです。いつも歩いている道ではな

く、違うルートを歩いてみる。街へ出てみる。誘われて迷ったら、とりあえず「OK」と顔を出してみる。ちょっとだけノリを良くして行動すると、面白いブログ記事のネタを見つけやすくなります。

ブログをはじめるのに必要なもの④ 人気ブログを作る決意

　人気ブログを作る決意を持ちましょう。目的がブレると、いざというとき思い切った行動ができず、中途半端になってしまうからです。

　ブログを運営していると、良いことだけでなく、悪いことも発生しますが、明確な目的があれば、多少の困難は乗り越えられます。例えば、反論コメントが来ても、それを糧にして更によい記事を書こうと思えます。チャンスが来たと感じたら、深夜、眠くても記事をポストできます。信念をつらぬくことで、ブログに個性が生まれるのです。決意することで、積極的に行動できます。行動することで成功はやってきます。

> **MEMO**
> **Web専門知識がなくてもなんとかなる**
> ブログを運営するのに、プログラムやCSSといったWebの専門知識や、プログラムの知識がなくても、問題ありません。しかし、知っていれば、ブログを自由にカスタマイズができるようになります。ブログを運営しながら、必要に応じて少しずつ勉強していきましょう。

結局は「やれ！」ってこと

　世の中には色々な成功法則がありますが、それらはすべて、要するに「やれ！」ということです。行動を起こさなければ、何も始まりません。ブログも同じです。ブログを立ち上げて記事をポストしないかぎり、何も始まりません。

　便利なツールを揃えたり、ブログ記事を書くコツを学んでも、行動しなければ、何も変わりません。逆にちょっとでも行動できれば、見える景色が変わっていきます。まだ何者にもなっていないうちから、失敗を恐れたり、炎上を怖がる必要はありません。消極的な姿勢から成功が舞い込んでくることはないのです。まずは実行。やってやりましょう！

> ブログをはじめるときに必要なものは、たったこれだけ！

- 時間の確保
- 自分で何とかする粘り
- 半歩前のめりになる姿勢
- 人気ブログをつくる決意

Section 01-07 まずは三ヶ月毎日書くことで自分の個性が見える

人気ブログを作るには、他との差別化が重要です。すぐに思いつくようなネタで記事を書いても、ありきたりの内容になることが多く、読者に共感してもらえません。まずはたくさん記事を書いてみましょう。できれば三ヶ月くらい毎日ポストすると、自分の殻が破れ、個性が出てきます。

三ヶ月、毎日ひねり出して記事を書こう

　人気ブログを育てたいのであれば、まずは三ヶ月間毎日更新することをお勧めします。ネタが尽きてもやめてはいけません。ひねり出してでも無理やり記事を書きましょう。すぐに思いついて書けるような記事は、誰でも考えつきそうな平凡なものが多いです。苦労してやっと書けた記事の方が、個性がにじみ出てきます。

　職場などの会議で行われるブレインストーミング（批判せず、思いついたアイデアを、ドンドン発言する手法）では、おおかたアイデアが出尽くしてからが勝負と言われています。考えに考えた先にこそ、面白いネタやコンセプトはあります。「もう無理」と思っても、毎日更新を続けてください。

三ヶ月後、検索エンジンに評価されやすいブログになっている

　毎日更新すれば、三ヶ月後には約100記事がブログに投稿された状態になっています。始めたばかりのブログでも、100記事を超えてくると、検索エンジンが記事をインデックスしやすくなり、検索からのアクセスが増えてきます。ブログにしっかりとした基礎ができあがります。

自力でタイムマシンを回せ！

　読者は毎日あなたのブログに読みに来てくれるほど暇ではありません。週一で更新するくらいでは、目に止めてくれません。毎日更新すれば、人々の目にとまる可能性は週一更新の7倍になります。毎日更新しているとわかれば、次から安心して読みに来てくれるようになります。週一更新と、毎日更新では7倍スピードが違います。7年かかることを、1年で回せるのです。努力すれば、自分でタイムマシンを動かすことができま

す。毎日更新が無理なら、2日に1記事でもかまいません。自分が決めたことをやり通すことが大事です。人気ブログを作る目標があるなら、悠長に構えていられる余裕は無いはずです。

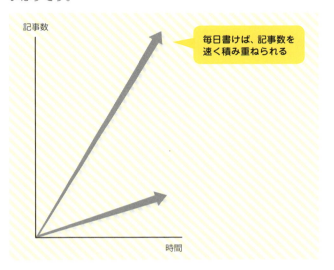

毎日の更新ができないと悪循環に陥ることも……

　ブログ更新を三ヶ月毎日続けるのは、かなり難しいことです。多くのブロガーが三ヶ月を待たずして、途中で更新をやめてしまいます。そしてこういう記事を書くのです。「品質の低いやっつけ記事を多くポストすると、ブログ全体の質が落ちていく。だから連続更新をやめました」と。言い訳を書いてしまった手前、次からは質の高い記事しか書けないプレッシャーが生まれます。自分でハードルを上げてしまった結果、記事を書けなくなってしまい、ブログをやめてしまう悪循環が起こります。

　しっかりしたネタがなくても、ちょっとした気付きを膨らませて、ササッと文章にできる力があると、ブログは回ります。文章はたくさん書かないと上手くなりません。英語も実際に使わないと上達しないのと同じです。言葉は使ってナンボです。

■ 記事の価値は読者が決めること

　そもそも、記事の面白さを決めるのは、自分ではありません。読者が決めることです。1日かけて書いた記事が見向きもされず、15分で書いた記事が大ブレイクすることがあります。気後れせず、迷ったら記事にして公開してみる。思いもよらない反応があるかもしれません。

打席数をあげることによって偶然をモノにする！

三ヶ月毎日書けといっても、毎日書けば成功できるとは限りません。ブログがウケる条件は、ジャンルやその時の情勢などで刻々と変わっていきます。

同じ距離を時間で競うマラソンのように、ルールが将来も変わらなければ、練習量と結果は比例しますが、人気ブログになれるかどうかは、偶然の要素も影響します。

偶然をモノにするには、チャレンジの回数を多くするしかありません。なるべく多くの打席に立って、バットを振り続けていれば、ヒットを打つ可能性を上げられます。

> **MEMO**
>
> **三ヶ月毎日更新して突き抜けたブログがある**
>
> ブログ三ヶ月毎日更新を提案したところ、多くのブロガーさんから「ブログが上手く軌道に乗りました」と連絡を頂きました。
>
> 一番すごかったブログは、「ツカウエイゴ（http://www.tsukaueigo.com/）」さんです。毎日更新を始めて四ヶ月後に、ライブドアブログ奨学生に選ばれたと連絡がありました。月間20万PV、電子書籍の出版と、完全に突き抜けてしまいました。
>
> 管理人のRihoさんはアメリカに在住していて、英語の勉強のために英会話を題材にしたブログを始めました。毎日更新しやすくするために、曜日ごとに記事のテーマを分けているのがポイントです。自分の強みを十分に活かしてブログ運営をしています。
> 毎日更新は無理だと言って休んでいる人達の横で、ツカウエイゴさんは努力を続けて、突き抜けてしまったのです。
>
>

Section 01-08 無料ブログとWordPressのどちらでブログを作成するか

無料ブログとWordPressには一長一短があります。本書ではWordPressをお勧めします。設定が苦手な方は無料ブログから始めると良いでしょう。ブログは記事を書いてナンボだからです。ブログ運営に慣れてきてからWordPressへ移行しても、十分間に合います。

長所と短所を理解しておく

無料ブログサービスとWordPressの長所と短所は以下の表のようになります。

	無料ブログ	WordPress
初期設定	簡単	難しい
恒久性	ない	ある
カスタマイズ性	小	大
アクセス負荷耐性	強い	弱い
SEO	強い	弱い

　無料ブログサービスは初期設定は簡単ですが、運営会社が倒産してしまうとブログ自体が無くなってしまう可能性があります。

　カスタマイズ性は、WordPressが圧倒的です。ブログテーマ（テンプレート）や、プラグインが数多く揃っています。カスタマイズの情報もネットに豊富です。HTMLとCSSも自由に扱えます。プログラミングの知識があれば、自力で改造することも可能です。無料ブログサービスだと、限られたテンプレートを元に、HTMLとCSSによるカスタマイズくらいしかできません。

　サーバーは、無料ブログの方が強いです。無料ブログでは、多くのブログを安定して運営するために大規模なサーバーを構築しているので、アクセスが増えても問題ありません。自前で格安のレンタルサーバーをレンタルしていると、アクセスが集中したときにブログが表示されなくなることがあります。性能の良い上位のサーバーを利用すると、お金がかかります。

　SEOも無料ブログの方が強いと言われています。サービス自体のドメインが強いのと、同じサービス内のブログをリンクでつないだり、新着記事をトップページに掲載するため、集客しやすいメリットがあります。無料ブログとWordPressには、一長一短があることを理解しておきましょう。

独自ドメイン+WordPressの勧め

本書では、人気ブログを作る方法として、独自ドメイン+WordPressをお勧めします。独自ドメインならば、一生同じドメインでブログを運営できます。無料ブログのドメインはSEO的に強く、短期間でアクセスを集める目的ならば有効です。しかし、無料ブログサービスが永遠に続く保証はありません。本書は「人気ブロガー」を目指しています。末永く、読者から愛されるブログを作りたいのであれば、独自ドメインでの運営をお勧めします。

ブログに信用を与える一番簡単な方法は長く続けることです。実力がなければ、長く続きません。逆に言えば、長く続けることが実力につながり、信用となります。人気ブログを作るには、ある程度の年月が必要です。実は、無料ブログでも、独自ドメインで運営できます。有料プランにすれば、余計な広告を非表示にできます。それでも、WordPressによる運営をお勧めする理由は、WordPressのカスタマイズ性が圧倒的に高いからです。できないことは無いといっても過言ではありません。自分で手を入れていくことで、世界にたった一つの完全にオリジナルなブログを作り上げることができます。ブログは差別化が重要です。無料ブログはみんな同じブログに見えやすいです。WordPressはデザインで差別化をしやすいのです。

最初は無料ブログでもOK

初めてブログを作る場合は、無料ブログとWordPress、どちらでも構いません。知識があれば最初から独自ドメイン+WordPressでの運営をお勧めしますが、セッティングに多少のWeb知識が必要です。それが難しい方は、無料ブログサービスを使いましょう。誰でも10分くらいで始められます。ブログは実際に記事を書いてみないと始まらないので、WordPressのセッティングでつまずくくらいなら、無料ブログでさっさと始めてしまったほうが、上達が速いです。感覚がつかめたところで、WordPressへの移動を考れば十分間に合います。

ブログのコンセプトによっては無料ブログの方が有利な場合も

無料ブログを選択した方が有利な場合があります。無料ブログはSEOが強く、集客しやすい長所があるので、「iPhone」といった、特定の商品名などのキーワードを狙ったブログのように、何年も続けることがないブログは、無料ブログサービスのメリットが活かせます。自分がブログでやりたいことと、無料ブログとWordPress両者の長所と短所を照らし合わせることが大切です。

Part 2

ブログコンセプトを考える

ただやみくもに記事を書いても、魅力的なブログになりません。他との差別化を意識して、方向性を持って記事を書くことで、ブログに軸が生まれます。話題やターゲットを絞り込むことは有効です。「自分が好きなこと」をテーマにすると、上手くいきやすいです。自分を見つめなおして、あなたにピッタリの「ブログコンセプト」を考えましょう。

Section 02-01 ブログコンセプトの重要性

思いついたことをただ漠然と書くだけのブログは、知り合いしか読んでくれません。他人に読んでもらうには、読む価値のあるブログにする必要があります。ブログに明確なコンセプトを与え、ブログの売りを明確にして、読者を引きつけましょう。

なんでも屋さんは何も無いのと同じ

　お店が2軒並んで建っていました。一つは蕎麦屋。看板には筆書きで大きく「蕎麦」と書いてあります。もう一つのお店もお蕎麦屋さんのようです。ところが、看板には「ラーメン」「カレー」などの蕎麦以外のメニューも大きく掲載されていました。あなたはどちらのお店で蕎麦を食べたいと思いますか？

　多くの人が、前者の蕎麦屋さんに入りたいと思ったのではないでしょうか？ 蕎麦しか売っていないところに、こだわりを感じます。隣のお店には蕎麦以外のメニューが並べられていて、蕎麦の味に自信がないように感じます。

どちらのお店で蕎麦を食べたいですか？　蕎麦は蕎麦屋さんで食べたいですよね

　ブログも同じです。よく、「iPhone、読書、マラソン、モンハン……など、なんでも書いてます」などと紹介しているブログがあります。何のブログなのか、読者は理解できません。

ブログコンセプトの重要性 | Section ▶ 02-01

お店に入ったら、カレーが売っていても良いのです。看板だけは「蕎麦」と書いて、メインのメニューをしっかりアピールしましょう。さらに、有機栽培の国産蕎麦だけを使用など、お店の売りを明確にします。こうした特徴が、お店の「コンセプト」です。

ブログも同じです。ただ漠然と書くのではなく、ブログを特徴づける「核」が必要です。ブログのコンセプトを明確にしましょう。

コンセプトを「切り口」から考える

ブログの数だけコンセプトがあります。iPhoneやXperiaなどの携帯電話の話題に絞ったブログ、ちょっと範囲を広げて家電を扱うブログもあります。サッカーの話題を扱うブログ、ビジネス本の書評を通じて業務の効率化を考えるブログ……。コンセプトは、「切り口」とも言えます。

■ 特定のモノや人、サービスを切り口に
iPhone、AKB、Evernote

■ 種類、範囲、ジャンルを限定して切り口に
デジカメ、軽自動車、表参道、マラソン、ビジネス本

■ 考え方、生き方を切り口に
ミニマリスト、断捨離、ライフハック

■ キュレーション、オピニオンをメインにした切り口
ニュースサイト、個人コラム

実際は上記のような切り口を複数かけ合わせて、コンセプトを作ることが多いでしょう。例えば、iPhoneアプリを駆使したライフハックを考えるブログや、デジタルカメラと旅の話題がメインのブログなどです。自分が更新しやすいブログのコンセプトをつくっていきましょう。

「補助線」としてコンセプトを考える

コンセプトは「補助線」とも表現できます。複雑な幾何学の問題が、補助線を一本引いた途端にわかりやすくなることがあります。ブログにも補助線を与えて、補助線に沿って記事を書くと、ブログにまとまりが出てきます。

色々なジャンルのニュースを紹介しているブログでも、ブロガーのしっかりした視座の元でニュースが選ばれていると、読みやすくなります。サッカー好きでサッカーの話

題がメインのブログでは、「サッカー戦術論」を補助線にして、経済や企業経営の話題と無理やりくっつけてコラムを書いても良いのです。むしろ、そういう記事の方が面白いです。新しいアイデアは、いきなり生まれるのではなく、2つ以上の意外な組み合わせから生まれることがほとんどです。ブログのコンセプトを補助線にして、色々な話題を強引に結びつけて書くと、面白い記事になります。

すべては「コンセプト」から始まる

面白い記事を書いて、たまたま多くのアクセスが集まったとしても、ブログのコンセプトが明確でないと、ブログのリピーターになってくれません。単発で終わってしまいます。ブログコンセプトとは、あなたが表現したいことを、概念化したものです。どんなコンセプトが良いかは、人それぞれ異なります。答えはあなたの中にあります。

コンセプトの作り方

事前に必要な材料を集めておくと、良いコンセプトが生まれやすいです。コンセプトの材料集めに有効な作業は、「自分の棚卸し」と「ターゲット設定」です。

自分の棚卸しでは、気になることをすべて書き出します（36ページ「02-03 自分の棚卸をしてみよう」参照）。ターゲット設定では、読者の人物像を決めます（38ージ「02-04 ターゲットを決める」参照）。自分の内外の情報を集めることで、新たな発見や気付きがあるでしょう。

コンセプトからブログを作る

コンセプトが決まったら、コンセプトを軸にしてブログを作成、運営します。ブログ名は、コンセプトが伝わりやすいものを考えます（40ページ「02-05 ブログ名を決める」参照）。ブログ名はブログで一番目立つ看板です。読者へ強い印象を与えます。

ドメインもブログ名に合わせたものを取得しましょう（42ページ「02-06 ドメイン名を決める」参照）。ブログのデザインも、雰囲気に合わせたものを選びましょう（44ページ「02-07 ブログデザインを決める」参照）。

コンセプトによって、ブログの形態は変わってきます。具体的な対象があるのであれば専門ブログ、コンセプトが抽象的な場合は雑記ブログとなります（47ページ「02-08「雑記ブログ」と「専門ブログ」どちらがいい？」参照）。

このように、コンセプトを元にブログを立ち上げることで、ブログに一本の芯ができあがります。芯はブログの個性となり差別化につながります。ブログが上手く回らない場合は、コンセプトが十分でないことが多いです。常にコンセプトを気にかけながら、

ブログを運営していきましょう。

コンセプトは途中で変更できる

　読者の反応を参考にしてコンセプトを途中で見直すこともあります（214ページ「07-06 ブログのコンセプトを見直す」参照）。コンセプトは途中で変更しても良いのです。変更の理由は後付でかまいません。

　コンセプトから外れた、何気なく書いた記事がブレイクすることもあります。読者に合わせて、コンセプトを修正していくのも良いでしょう。新たな進歩は失敗や想定外のところから生まれるものです。どうしてもコンセプトが作れないという方は、ブログを更新してみて、読者の反応を見ながらコンセプトを作っても良いでしょう。

わかったブログのコンセプト

　筆者が運営するわかったブログは、どんなネタでも書き散らかせる雑記ブログが欲しくて、2006年にオープンしました。自分が理解したことを人に話すのが好きで、ブログでも同じように読者に伝えたい想いから、「わかったブログ」と名づけました。ところがブログは鳴かず飛ばず。読者は一向に増えませんでした。

　コンセプトは「ライフハック」「社長ブログ」など変更を繰り返し、迷走していました。今振り返れば、わかりにくいブログの典型的な例です。3年半ほど、上手くいかない時期が続きました。

　2009年秋に、マーケティング的な手法をブログに取り入れて、「狙って」ブログ運営をするようになりました。記事の内容は、ウェブマーケティング、書評、子育てがメインでした。中でも、ブログ指南記事がバズることが多くなってきたので、2011年の年明けからブログのヘッダ部にあるブログ紹介文を

> 「人気ブログをつくる方法」を研究するブログです

に思い切って変更しました。シンプルで、具体的かつキャッチーなコンセプトがウケて、一気に読者が増えました。ブログの看板は「人気ブログを作る方法」ですが、実際はグルメ記事や、旅行記などもなんでも書いていました。看板は明確な方が良いという主張は、わかったブログでの成功体験から来ています。その後は、ブログ記事のメインがジョギングや教育へ移行するのに合わせて、コンセプトも逐次変更してきました。現在は、「成長するコツを研究するブログ」となっています。

Section 02-02 マーケティング的ブログ差別化戦略

他との差別化を考えることは、マーケティングの基本原理です。他社と同じ商品を開発しても意味がないのと同じで、他と同じようなブログを作っても、上手くいくことはありません。差別化は、ブログのコンセプトを作る上で大切な考え方です。よく理解しておきましょう。

マーケティングをブログに活用できる

　ブログを「自分を売り込むツール」と考えると、マーケティングの知見をブログ運営に適用できます。マーケティングの分野は研究が進んでいて、多くの知見が蓄積されています。専門家が調査や研究によって確立してきたマーケティングの手法を、ブログ運営に利用すれば、上手くいく可能性は高まるはずです。

　マーケティングは「商売そのもの」と言えます。分野は多岐にわたっていて、多くの書籍が出版されています。ブログに活用するためには、全部を学ぶ必要はありません。基本的なところだけ学べば良いでしょう。

独自資源を探す

　マーケティングでは、まったく新しいことを始めるのではなく、既に持っている独自資源を活かすことを考えます。ライバルが真似できない強みがあれば、差別化の要因となります。ブログも、例えばiPhoneに関する記事を、読者を集めやすいからといってポストしても、ライバルが多いので埋もれてしまいます。しかし、ジョギングなどのスポーツでiPhoneを活用していれば、iPhone×スポーツに関する話題はライバルが少ないので、独自資源になるでしょう。

戦場を決める

　マーケティングでは、「誰とどこで戦うか」を設定する必要があります。やみくもに戦線を広げてしまうと、パワーが分散してしまうからです。戦場の設定の仕方によって、競合する相手が変わってきます。ブログも、コンセプトを明確にすることで、戦場の範囲を制限できます。自分のリソースを効率よく集中できます。ブログに個性が生まれ、ライバルとの競争に勝てるようになります。

差別化の「3つの軸」

佐藤義典氏の著書「白いネコは何をくれた？(フォレスト出版)」では、周りと差別化をするためには「3つの軸」のどれかが必要であると提唱しています。3つの軸とは、「手軽軸」「商品軸」「密着軸」です。ブログに置き換えてみると以下のように考えられます。

- 読みやすい「手軽軸」
- 記事の質で勝負する「商品軸」
- 読者とのコミュニケーションを大切にする「密着軸」

どの軸で自分のブログが他と差別化できるかを考えてみましょう。複数の軸があっても構いませんが、どっちつかずになってしまうと差別化がぼやけてしまいます。メインの軸は決めておいた方が良いでしょう。ちなみに、著者の「わかったブログ」は、「商品軸」で勝負しています。記事の内容で勝負するブログです。具体的には、ただ情報を紹介するだけではなく、大企業の会社員として成果を上げてきたキャリア、独立起業してビジネスを回してきた経験、専門のネットマーケティングの知識などの、自分の得意分野に引き込みつつじっくり持論を語ることで、他と差別化を図ってきました。短い記事をたくさんポストする「手軽軸」は向いていませんし、SNSなどで読者とコミュニケーションする「密着軸」でもありません。

MEMO
ブログ運営のためになるマーケティング書籍

佐藤義典氏の著書は、「白いネコは何をくれた？（フォレスト出版）」以外にも、「新人OL、つぶれかけの会社をまかされる」「新人OL、社長になって会社を立て直す」（共に青春出版社）がお勧めです。マンガ版も出版されています。独自資源を徹底的に見直してできたコンセプトを元に、すべてが一貫したストーリーを作っていくマーケティングのパワフルさをぜひ学んで欲しいです。

Section 02-03 自分の棚卸をしてみよう

ブログのコンセプトは、自分が好きなことや得意なことから引き出すのが一番です。まずは「自分の棚卸し」をしてみましょう。気になることをすべて書き出してみてください。やりたくないこともピックアップしてみましょう。あなたが本当にやりたいことはなんですか？

頭の中を書き出す

　ブログを続けていくには、好きなことをコンセプトにするのが一番です。嫌いなことは続きません。ノートや紙を用意して、自分が好きなこと、得意なことを書き出してみましょう。子供の頃の夢、将来実現したいこと、今やらなければならないことなど、気になることをどんどん書いていきます。一時間も考えていれば、思い出せることはすべて書き出せるでしょう。多くのことに毎日追い立てられているような気がしていたのに、書き出してみると、そんなに多くはないことに気がつくはずです。コンセプトのヒントが、リストの中にあるはずです。

やりたくないことも上げてみる

　次に、やりたくないことも書き出してみましょう。嫌いなことは続かないので、ブログのコンセプトには不向きです。ところが、「やりたいこと」の中に、「やりたくないこと」が内包している場合があります。注意すべきポイントです。
　気が付かずにはじめてしまうと、やりたくないことに追われてしまって、やりたかったことが苦痛になってしまいます。最初にやりたくないことを認識しておけば、工夫して回避できます。
　有名な画家さんは、「手を描くのではなく、手の周りの空間を描く」そうです。やりたくないことを書き出すことで、本当にやりたいことが浮き出てくるのです。

筆者が昔リストアップした「やりたくないこと」リスト

- 時間売りの作業
- 下請け仕事
- ゴールがはっきりしない仕事
- 自分が作業する仕事
- ときめかない仕事
- 成長を考えない趣味・スポーツ

- 環境破壊につながる趣味・スポーツ
- 観光地を見て周るだけの旅行
- まずい酒
- アフィリエイトありきのブログ
- 自分が無いブログ
- とりあえずアップしておくか的な内容の無いブログ
- 他を批判するだけのブログ
- 渋滞に巻き込まれる
- ガソリンの無駄遣い
- 水の無駄遣い
- 無駄な買い物
- 混みあった場所
- 人から非難される行動

自分の墓標を想像してみる

　自分のミッションについて考えたことはありますか？ ミッションとは、人生を通して成し遂げたいこと、人生の使命のことです。考えたことがなければ、この機会に考えてみましょう。家族が大切かも知れません。仕事で多くの人を助けることがミッションと考えている人もいるでしょう。

　自分のお墓にどんなメッセージを刻みたいかを考えたり、残り1年しか余命がないと宣告されたら、何をしたいかを考えることは、自分のミッションを見つけるヒントになります。ミッションを元にコンセプトを考えると、しっくりくるコンセプトが生まれやすくなります。例えば、「新しいものを楽しむ」ミッションであれば、「最新ガジェットを語る」というコンセプトになるかもしれません。「新しいものを楽しむ」をそのままコンセプトにしても良いでしょう。ただし、範囲が広すぎてわかりにくくなる場合もあります。

墓標に刻む言葉を想像してみましょう

> **MEMO**
>
> **わかったブログのミッションは？**
>
> わかったブログのミッションは、年々少しずつ言葉を変えています。2016年の時点のミッションは、「人々の成長を応援して、豊かな社会をつくる」です。プロフィールページ（http://www.wakatta-blog.com/profile）に記載しています。このミッションは、筆者個人のミッションと同じです。

Section 02-04 ターゲットを決める

すべての人に読んでもらおうとすると、当たり障りのない記事が多くなってしまい、読者の心に刺さりません。ターゲットを絞りましょう。読者が減ってしまいそうですが、結果的に多くの人に読んでもらえます。具体的な人物像をイメージしておくと、記事が書きやすくなります。

10人のうち1人に読んでもらえれば良い

ブログを誰に読んでもらいたいかを考えることは、ブログコンセプトを考える切り口になります。「すべての人に読んでもらう」は、目指してはいけません。誰にも刺さらないブログになってしまいます。

10人中9人には無視されても、たった一人が熱中してくれるようなブログを目指しましょう。ネット人口が1千万人いたとしたら、1/10でも100万人います。ネットは住んでいる場所は関係ありません。距離を越えて情報を送れます。たった1/10でも、全国から集めれば、相当な数になります。

ターゲットを決めてしっかり狙おう

ペルソナを考えよう

ペルソナとは、ターゲットにする人物の具体像のことです。年齢、性別だけでなく、職業や趣味、人柄まで詳しく設定します。有名な例として、Soup Stock Tokyo（スープストックトーキョー）のペルソナがあります。Soup Stock Tokyoでは、「秋野つゆ」という名前の女性のペルソナを作り、「秋野つゆさんならどう感じるか」を考えながら、サービスを決めたそうです。

- 秋野つゆ　女　37歳
- おっとりしているが、しっかりしており、自立している
- 化粧気はないのに、きれい。オシャレに無頓着なのに、センスがよい
- プールに行ったら、いきなりクロールをしていた！
- 「こうじゃなきゃいけない」という考えは、持たない
- 歴史に敬意を払いつつも、未来に興味あり
- 個性的で魅力的な人、凄い人、圧倒的にチャーミングな人などと出会う事
- 「脂」は字の如く「旨さ」だとは思う。バターも、おいしい。でも、やはり油は控えておく。使う油は、オリーブオイルだけにしておく

　　…など。

「成功することを決めた―商社マンがスープで広げた共感ビジネス（新潮社・遠山正道著）」より引用

　秋野つゆさんほど詳細に作り込まれたペルソナを、いちから考えるのは大変です。よく知っている知人をペルソナにしても良いでしょう。あの人だったらどう感じるか？喜んでもらえるか？　を考えると、ブログのコンセプトが明確になってきます。

ペルソナは「自分」でも良い？

　よく「自分のためにブログを書いている」「ブログの想定読者は自分だ」という方がいます。自分をペルソナにすることは、悪くはありません。自分に似た人は、世の中にたくさん存在するからです。しかし、自分をペルソナにすると「自分が良いと感じたものは、すべて良い」ということになってしまい、コンセプトがブレやすくなります。ペルソナは他人にしたほうが良いでしょう。

わかったブログの例

　筆者が運営しているわかったブログは、下記のようなペルソナを想定しています。実在するある知人を想定して作りました。

- 30代の男性サラリーマン
- 将来のキャリアに漠然と不安
- 運動は得意ではないけど、ジョギングや水泳を定期的にしたい
- こだわり派
- 無駄なお金は使わない
- 新しいものは慎重に選ぶ
- 子供には文武両道に育って欲しい

Section 02-05 ブログ名を決める

ブログ名は、ブログの「顔」です。顔が人柄を示すように、ブログ名は、ブログのコンセプトを効果的に表現できます。しっくりくるブログ名を考えましょう。

ブログ名にキーワードを入れるメリットとデメリット

ブログ名は、ブログのコンセプトを端的に表すものにしましょう。読者はブログ名を読んで、自分に必要なブログかどうかを判断します。よく考えましょう。

■キーワードを入れるか入れないか

ブログ名は大きく2つに分けられます。キーワードが入っているか、いないかです。

例えば、「iPhone徹底研究」というブログ名には、「iPhone」のキーワードが入っています。

当然iPhone関連の記事が多くなり、例えば「iPhone アプリ お勧め」といったキーワードでの検索結果で上位表示されやすくなります。Googleは、このブログはiPhoneに関するブログで、iPhoneについての記事は信用が高いと判断するからです。

■時代が変われば存在価値も変化する

デメリットは、iPhoneが永遠ではないことです。10年後にはiPhone以外の商品がスマートフォン市場を席巻しているかもしれません。時代が変わると、ブログの存在価値は低下してしまいます。キーワードを「iPhone」ではなく「スマートフォン」にするなど、範囲を広くする方法もありますが、ブログコンセプト的には、対象は絞った方が読者の心に刺さりやすく、読者が集まります。さじ加減が難しいところです。

個人名、ハンドルネームをブログ名にするのは要注意

ハンドルネームをそのままブログ名にするのは、要注意です。例えば、「かん吉ブログ」のようなブログ名だと、読者はブログ名からブログの内容を想像できません。これが「福山雅治オフィシャルブログ」なら良いのです。福山雅治さんは芸能人で、多くの人に知られているからです。

政治家や芸能人などを目指すのであれば、個人名をブログ名する考え方もあります。しかし、有名になる前は、個人名を前面に出すよりは、実現したいものを表現するようなブログ名の方が、人々の心をつかみやすいです。

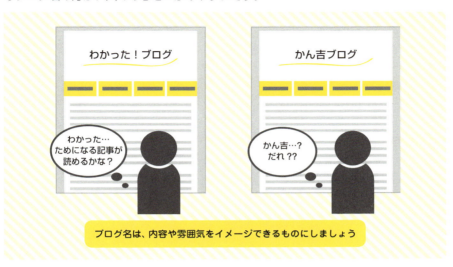

ブログ名は、後から変えてもOK

ブログ名は後から変更しても問題ありません。ただし、変更するならなるべく初期の段階が良いでしょう。

普通、ブログ名に合わせてドメインを決めます（次ページ参照）。ブログ名を変更すると、ブログ名とドメインの整合性が取れなくなってしまうことを不安に感じるかもしれませんが、多くの読者はドメインを気にしてないので、心配はないでしょう。

どうしても気になるのであればドメインを取り直して、新しいブログとして始めても良いでしょう。WordPressなら、過去記事を新しいドメインにリダイレクトして、移動することが可能です。

ブログ名は育つ

「イマイチなブログ名をつけてしまったな」と思っても、ブログを長く続けて、ネット上で周知されていけば、しっくりくるようになっていきます。認知度が上がると、ブログ名は育っていきます。

自分が良いと思っているものが受け入れられず、イマイチだと感じるものが受け入れられることはよくあることです。

Section 02-06 ドメイン名を決める

ブログのドメインは、なんでも構いません。しかし、リテラシーの高い読者はドメインも見ています。できる限り、ブログ名やハンドルネーム名に合ったものを取得しましょう。

ドメインはなんでも良い？

よく読んでいるブログを思い出してみてください。ブログのドメインを正確に言えますか？ おそらく、覚えていないでしょう。ブログのドメインを知らなくてもブログ名やブロガーのハンドルネームで検索すれば、ブログにたどり着けます。ドメイン名は、最悪なんでも構いません。しかし、ブログ名とまったく関係のないドメイン名に不自然さを感じる人もいます。できるだけ、ブログ名に合ったドメイン名にしましょう。

わかったブログのドメイン名はそのまま、ブログ名です。しかし、読者の中でドメインのつづりを正確に覚えている人は少ないでしょう

ヘボン式でつけよう

日本語のブログ名であれば、ローマ字に変換して、ドメインにします。ローマ字はヘボン式で変換しましょう。例えば「つくし料理.com」であれば、tsukushiryori.comとなります。これをtukusiryouri.comにしてしまうと、ちょっと恥ずかしいです。

ヘボン式のルールはGoogleで「ヘボン式」と検索すれば学べます。面倒な方は変換ツールを利用してみてください。

ヘボン式変換君 | http://hebonshiki-henkan.info/

ネットでの活動名にするアイデア

　ブログ名を変えることはよくあります。ドメイン名が前のブログの名前のままだと、違和感が出るかもしれません。しかし、ドメインまで変更すると、SEOが弱まったり、ソーシャルメディアのカウント数が引き継げません。そこで、自分の本名やハンドルネームでドメインを取り、運営する方法があります。本名やハンドルネームを変更することはめったにありません。ブログ名を変更してもドメインは違和感なく使い続けられます。たとえば、「かん吉」というハンドルネームで活動するのであれば、ドメイン「kankichi.com」や「kankichi.jp」を取得します。

　このアイデアは、「しゅうまいの256倍ブログneophilia++」を運営するしゅうまいさんから教えていただきました。しゅうまいさんは「shumaiblog.com」という［ハンドルネーム］+［blog］のドメインを使っています。40ページでは、ハンドルネームをブログ名にするのは要注意だとお話ししましたが、「しゅうまい」は、よく知られた食品名でもあるので、読者の興味を引きます。上手い手法です。

しゅうまいの256倍ブログ neophilia++
http://shumaiblog.com

特に理由がなければ日本語ドメインはやめておこう

　「わかったブログ.com」のように、日本語でドメインを取ることも可能です。日本語ドメインは、SEOに強いと言われて流行っていた時期もありました。最近はアフィリエイトサイトぐらいしか使っていないです。今後、日本語ドメインが主流になっていく可能性が無いわけではありませんが、現段階では特に理由がなければアルファベットのドメインの方が無難です。

MEMO

ドメインは早い者勝ち

ドメインは世界に1つだけです。取得は早い者勝ちなので、思いついたらすぐに取得してしまいましょう。管理費は、年間1,500円くらいです。種類は「.com」が人気です。日本向けであれば「.jp」も良いですが、管理費が高いです。「.net」「.biz」などのドメインは、ブログの内容とのマッチングを考えましょう。例えば女性向けのブログで「.biz（ビジネス）」は使いにくいです。

Section 02-07 ブログデザインを決める

最近はスマートフォンからのアクセスが多いため、シンプルなレスポンシブデザインが主流になっています。デザインで差をつけるには、トップのロゴ画像が効果的です。ロゴ画像は、プロのデザイナーに作ってもらうとベストです。

「スマホ・スマホ・スマホ！」スマートフォンからのアクセスを意識する

　ブログへのアクセスの半分以上がスマートフォンです。ブログデザインは、スマートフォンでの表示が見やすいものを選びましょう。スマートフォンに対応していないテーマは、絶対に選ばないでください。最近の主流は「レスポンシブデザイン」です。基本のHTMLは共通で、PCとスマートフォンで、CSSを切り替えて表示を変更するデザインです。メンテナンスが楽で、Googleも推奨しています。

　凝ったデザインは必要ありません。白を基調としたテキスト中心のシンプルなデザインがお勧めです。シンボルカラーがあれば、背景などに利用しても良いでしょう。ただし、文章の部分の背景は白が読みやすいです。

しっかりしたロゴ画像を用意しよう

　ブログ名がテキストだと、味気ないです。ロゴ画像を用意して、設置してみましょう。ロゴ画像があると、ブログのデザイン全体が締まります。読者にも覚えてもらいやすくなります。

　納得のいくロゴ画像を作りたければ、多少お金はかかりますが、クラウドワークスなどのお仕事サービスの利用をお勧めします。コンペ形式にすれば、多くのデザインが集まります。気に入ったデザインを選べます。お金を使いたくない場合は、ロゴジェネレーターサービスを利用してみましょう（「ロゴジェネレーター」で検索！）。デザインができる方なら、画像ソフトでロゴを自作しても良いでしょう。ロゴ画像を最初から用意する必要はありません。まずはテキストで構いません。ブログを運営していきながら、ブログを改善する中で、ロゴ画像制作を検討してみてください。

クラウドワークス | http://crowdworks.jp/

> テキストタイトルだと、シンプルすぎる

> ロゴ画像。インパクトがある

わかったブログのデザイン

　わかったブログでは、長く自作のWordPressテーマを利用してきましたが、スマートフォンからのアクセスが増えてきたことを期に、現在は「Simplicity」というテーマを使わせてもらっています（次ページ参照）。Simplicityの最大の魅力は、スマートフォンでソーシャルボタンをきれいに表示できるところです。作者のわいひらさんとは、フォーラムやTwitterで交流させてもらっています。わかったブログのロゴ画像は、2008年6月に、知り合いのデザイナーさんに作ってもらいました。「わかったの大きな判子」のイメージを伝えたら、ピッタリのロゴを作ってくれました。それ以後8年間使っています。変更する予定は当面はありません。

お勧めのWordPressテーマ

　WordPressのお勧めの無料テーマは、「Simplicity」と「Stinger」です。どちらもシンプルなデザインです。利用者が多く、情報を集めやすい点が魅力です。両テーマの製作者さんは、ユーザーの声を聞き取って、より良いテーマにするために日々努力されています。「Stinger」は完全レスポンシブデザインで、「Simplicity」は、完全レスポンシブデザイン版と準レスポンシブ版があります。レスポンシブ版が主流と前述しましたが、レスポンシブが完全なわけではなく、より便利なブログデザインを達成するために、プログラム的な切り替えを組み合わせた準レスポンシブも有効です。WordPressには、他にもたくさんのテーマが存在します。実際にテーマをインストールして、好みのデザインを選んでみてください。

Simplicity | http://wp-simplicity.com/

わいひら@MrYhiraさんが作っているテーマです。筆者の「わかったブログ」でも使用しています。

ENJI @ENJILOGさんが作っているテーマです。完全レスポンシブデザインになっています。

Stinger | http://wp-fun.com/

Section 02-08 「雑記ブログ」と「専門ブログ」どちらがいい？

ブログには大きく2種類あります。自分の価値観など、抽象的なコンセプトの元で広く記事を書いていく「雑記ブログ」と、趣味や商品など、具体的な対象に絞って記事を書く「専門ブログ」です。両方に一長一短があります。自分に合うタイプを選びましょう。

雑記ブログは個性で勝負

雑記ブログでは、ブロガーの考え方や価値観、ライフスタイルを元にしたコンセプトにそって記事を書いていきます。記事の幅が広くなるため、更新頻度を増やしやすいのがメリットです。その反面、つかみどころのないブログになりがちです。ブロガーの個性を全面に押し出していきましょう。他のブログとの差別化となり、魅力が生まれます。

自分の考えを書くことが多くなり、雑記ブログは「自分」の分身のような存在と言えます。つまり、雑記ブログのコンセプトは「自分」です。記事を通して自分を知ってもらうことが、主な目的になるでしょう。セルフブランディングを目指す方は、雑記ブログがお勧めです。

専門ブログはSEOが効きやすい

専門ブログは、特定の話題についての記事を更新していくスタイルです。例えば節約術のブログであれば、節約のノウハウ記事を書いていきます。検索エンジンはブログを「節約関連のブログ」と認識します。「節約 ○○ ～」の検索キーワードで上位表示しやすくなります。しかし、記事のジャンルが絞られているため、更新頻度は少なくなります。ブロガーの個性が出にくいです。

取り扱うテーマ自体が、将来消滅してしまう可能性もあります。例えば、ワープロ専用機などは、現在ではほとんど販売されていません。数年前まで主流だったガラケーは、現在ではスマートフォンに押されて市場が小さくなっています。

	雑記ブログ	専門ブログ
話題の範囲	広い	狭い
更新頻度	多い	少ない
SEO	難しい	しやすい
ブランディング	しやすい	難しい
将来リスク	低い	高い

いいとこ取りをする

実際には、雑記ブログと専門ブログは明確に分かれているわけではなく、お互いの良いところ取りをします。雑記ブログでは、2、3個の得意な話題をメインに更新することが多いです。専門ブログでは、日記的な記事を書くことでブロガーの個性をアピールすることがあります。

メインの話題が決まっているなら専門ブログ、特になければ雑記ブログから始めると良いでしょう。運営する中で、やりやすい形を探っていけば良いのです。

ちなみに、筆者が運営している「わかったブログ」は、雑記ブログです。

「人々の成長を応援する」のコンセプトのもとで日々記事を更新しています。話題は以前はネットマーケティングや書評がメインでしたが、最近はマラソンや教育論などに移ってきています。生活環境は少しずつ変化していて、興味が変わってきているからです。話題を柔軟に変えられるところが、雑記ブログのメリットです。

雑記ブログと専門ブログの例

Cardmicsさんが運営する「クレジットカード読みもの（cards.hateblo.jp）」と「SONOTA（etc.hateblo.jp）」の2つのブログが参考になります。クレジットカード読みものは、クレジットカードの話題がメインの専門ブログです。SONOTAはノンジャンルの話題を扱う雑記ブログです。

クレジットカード読みものは、クレジットカードに関する記事ばかりかと思いきや、雑談記事も適度にポストされています。SONOTAも、iPhoneやSEOなど記事が多いです。軸足は違えど、上手く良いとこ取りをされています。

クレジットカード読みもの
http://cards.hateblo.jp

SONOTA
http://etc.hateblo.jp/

成果を出す
記事ライティング

ブログに高度な文章力は必要ありません。ウェブでは文章が多少おかしくても読めてしまうからです。心配せず、積極的に記事を書きましょう。文章はたくさん書くことで上達します。自分のためではなく、読者が喜ぶ記事を目指しましょう。わかりやすいタイトルときれいな写真、最終的には面白いネタをひねり出せるかで決まります。

Section 03-01 ブログの記事に文章力は必要ない？

自分の書いた文章はつまらないのではないか？ 文章に自信がない人は多いでしょう。しかし、ブログ記事を書くのに、流ちょうな言い回しは必要ありません。普段の話し方で書くのが一番伝わります。文章が多少おかしくても、問題ありません。自信を持って書いてみましょう。

多少おかしな文章でも読める

まず、この文章を読んでみてください。

> こんちには みさなん おんげき ですか？ わしたは げんき です。
> この ぶんょしう は いりぎす の ケブンッリジ だがいく の けゅきんう の けっか にんんげ は もじ を にしんき する とき その さしぃょ と さいご の もさじえ あいてっれば じばんゅん は めくちちゃ でも ちんゃと よめる という けゅきんう に もづいとて わざと もじの じんばゅん を いかれえて あまりす。
> どでうす？ ちんゃと よゃちめう でしょ？
>
> via: 出所不明

よく読むと、文章がぐちゃぐちゃですよね。でも、意味は理解できたはずです。人間の能力は優秀です。文章が多少おかしくても、脳内で修正して読んでしまうのです。

ネット上のコンテンツを読むとき、人は、文章を最初から最後までしっかり読むのではなく、眺めるような感じで読んでいます。

ブログの記事を書くために、文学的な文章を書く才能や、特別な訓練は必要ありません。簡単な言葉を使い、わかりやすい文章構成を意識すれば、誰でも読みやすいブログ記事を書けるのです。

話しかけるように書く

ブログ記事では、かしこまった言葉使いは必要ありません。知り合いと会話をする時と同じような調子で書けば、読者に伝わります。気楽に文章を書いてみましょう。おかしいところは後で直せば良いのです。

口癖もそのまま書いてみてください。ブログの個性になります。日常生活では周りの人たちとコミュニケーションが取れているのですから、問題ありません。自分の言葉に自信を持って、どんどん書いてみてください。

文章の面白さはネタで決まる！

いくら流ちょうな文章でも、内容がつまらなければ読まれません。逆に、文章が多少おかしくても、話が面白ければ多くの人が読んでくれます。つまりブログの文章の面白さとは「話のネタ」で決まるのです。

ネタは日々の生活の中にたくさんあります。買い物、食事、運動、子育て……など、何でもネタになります。日ごろから色々なことに興味を持って、有意義に楽しく生活することが、面白いブログを更新する秘訣です。

逆に何も考えず、ぼーっと休日を過ごしてしまうような人は、ブロガーには向いていません。ブログ更新のために、少しだけアクティブになってみてください。

文章は書かないと上手くならない

英語を習得する一番良い方法は、外国で生活して実際に英語を話すことだと言われています。ブログも同じです。たくさんの記事を書かないと上手くなりません。習うより慣れろです。語学は実践が勝負です。

「読んでもらえるか」「文章がおかしくないか」と心配する必要はありません。ブログを開始した当初は、読者は少ないです。恥ずかしがらずにできるだけ多くの記事をポストしましょう。誰かに読まれている意識があると、文章は格段に上達します。積極的に公開しましょう。

> **MEMO**
>
> **執筆に慣れてきてから文章の基本を学ぶ**
>
> ブログ記事の執筆に慣れてきたら、文章術の本を1冊読んでおくことをお勧めします。最初から文章術の本を読んでしまうと、文章のリズムなどの個性が弱くなって、ガチガチな文章になってしまいます。
>
> お勧めは、唐木 元さん著の「新しい文章力の教室 苦手を得意に変えるナタリー式トレーニング（インプレス）」です。ニュースサイト「ナタリー」の初代編集長の唐木さんが、ライターへ教えていた文章の書き方を本にしたものです。読みやすい文章を書くエッセンスが詰まっています。

Section 03-02 記事タイトルの極意

タイトルは本文よりも大切と聞くと、えっ？ と思うかもしれません。記事の内容がどんなに良くても、タイトルが悪いと読んでもらえません。上手いタイトルが付けられないのは、そもそも記事の切り口が弱いことが多いです。

タイトルの重要性を理解しよう

　記事のタイトルは、記事の内容と同じくらい重要です。なぜなら、読者は記事のタイトルを読んで、本文を読むかどうかを判断するからです。

　ソーシャルメディアのタイムラインや、RSSリーダーでは、タイトルだけが流れてきます。タイトルが弱いとクリックすらしてくれません。

　「タイトルなんかより、本文が面白ければ問題ない！」と考える方はいるでしょう。しかし、どんな素晴らしい内容の記事でも、読まれなければ、自己満足で終わってしまいます。記事タイトルは重要です。

　記事タイトルは、記事のコンセプトを示すものです。記事タイトルが面白くないのは、記事のコンセプトが曖昧だったり、ブレているのです。

タイトルが先か、文章が先か

　最初にキャッチーなタイトルを考えて、タイトルに沿って本文を書いていくと、読みやすく、印象に残る記事になります。

　逆に、本文から書き始めて、後から記事の内容に合ったタイトルをつける方法もあります。

　本文を書いている途中で、タイトルを変更したり、タイトルに合わせて本文を調整することもあります。タイトルと本文を行ったり来たりすることで、本文の面白さを最大限に表現できるタイトルが生まれ、記事全体の魅力を引き上げます。

商品名になりがちな紹介記事のタイトルを「将来の快適な生活」にしてみる

　例えば、ワイヤレスマウスの便利さを伝える記事を書く場合、「ロジクールLXP-20がすごい便利な件」のような、商品名をメインにしたタイトルをつけがちです。

　ブログ界隈では、タイトルに商品名を入れることが、常識となっています。商品名で

検索エンジンのランキング上位に表示されると、アフィリエイトの成約率が高くなるからです。しかし、商品を知らない人には何のことだかわかりません。ソーシャルメディアでタイトルが流れてきても、「自分には関係ない」とスルーされがちです。

検索エンジンで上位表示できれば良いですが、商品名のキーワードは大手ネットショッピングモールも参戦する激選区です。上位表示できなければ、検索エンジンからのアクセスはなく、ソーシャルメディアやRSSリーダーでもスルーされてしまいます。誰にも読まれない記事のできあがりです。

■「自分ごと」と捉えてもらうようなタイトル

商品名による検索エンジンからの集客はひとまず置いておいて、記事を読みたくなるタイトルを考えてください。「自分に関係がありそう」と思ってもらえるタイトルをつけるのがコツです。商品名ではなく、商品を購入したあとに実現する、快適な生活をイメージできるタイトルが良いでしょう。前述のワイヤレスマウスの記事タイトルは、「いつもマウスコードがグチャグチャになってお悩みのあなたへ」はどうでしょうか。

> **MEMO**
> **読まれない記事は存在しないのと同じである**
>
> 「ブログ記事のタイトルに、自分の知らない商品名が入っていると、スルーしちゃうわ」
>
> 妻の何気ない一言が、ブログを成長させる転機となりました。知り合いにアンケートをしてみると、妻の言うとおり、ほとんどの人が商品名が入っていないタイトルを選びました。人は自分が知らないものを後回しするのです。目からウロコでした。
>
> 試しに、タイトルに商品名を入れず、商品を買った後に待っている快適で素晴らしい生活をイメージするタイトルを心がけてみました。すると、アクセス数がものすごい勢いで増えていきました。
> その様子を見て私は理解しました。検索エンジンではなく、人に向けて記事を書くべきなのだと。読まれない記事は、存在しないのと同じなのです。

Section 03-03 読者の興味を引く5つのタイトル作成法

前項の「記事タイトルの極意」を元に、読者を引きつける、具体的なテクニックを5つご紹介します。どれも簡単に使えるものばかりです。ただし、多用すると読者に飽きられます。使いすぎに注意しましょう。

興味を引くタイトル作成法① 「あなたの〜」からはじめる

「あなたの今の仕事、10年後に食える仕事ですか？」のタイトルが目に入ったら、ドキッとしませんか？　ブログタイトルの最初の部分を「あなたの〜」から始めるテクニックを使うと読者に自分に関係のある話題のように感じさせることができます。多くの人が興味を持ち、読んくれるでしょう。

このタイトル、ひと目見てドキッとしませんか？

興味を引くタイトル作成法② コンプレックスを刺激する

読者のコンプレックスを刺激するタイトルは、読まれやすいです。「あなたの今の仕事、10年後に食える仕事ですか？」は、自分の仕事の質に不安を感じているサラリーマンのコンプレックスを刺激しています。

興味を引くタイトル作成法③ タイトルの最後を「〜の方法」「〜の理由」にする

「〜の方法」「〜の理由」は、読者の知的好奇心を強く刺激します。手っ取り早く、役立つ知識を身につけたい人々の欲望をうまくキャッチできます。

興味を引くタイトル作成法④ 数字を入れる

タイトルに数字を使うと、説得力がアップします。例えば、

> あなたのブログが読まれやすくなる方法

よりも、

> あなたのブログが7倍読まれやすくなる方法

の方が、説得力があります。ただし、根拠のある数字であることが前提です。多少強引でも、数字を作り出してタイトルに入れてみましょう。

興味を引くタイトル作成法⑤ 有名なキャッチコピーを真似る

有名やキャッチコピーや書籍名などを真似る方法も有効です。書籍「会社人生で必要な知恵はすべてマグロ船で学んだ（毎日コミュニケーションズ）」の書名を参考にして、「ウェブ開発で必要な知恵はすべてブログ運営で学んだ」のタイトルはどうでしょう？

やり過ぎにはご注意を

「あなたの〜」「〜の方法」「〜の理由」などは、使いやすいのでついつい多用しがちです。似たようなブログタイトルが続くと、読者が飽きてしまいます。ここぞ！の記事で使うようにしましょう。

前項で説明した、「将来の快適な生活」を常に意識していれば、色々なパターンのタイトルを考えられます。一度ヒットしたタイトルの形は、他の記事でもアレンジして使えます。他ブログの人気記事のタイトルを参考にして、使える形を増やしていきましょう。

> **MEMO**
>
> **わかったブログで人気の記事のタイトル**
>
> はてなブックマークの上位記事（http://b.hatena.ne.jp/entrylist?url=http://www.wakatta-blog.com/&sort=count）のタイトルを眺めてみると、本ページで紹介したように「〜の方法」で終わるタイトルが多く上位入りしています。
> ・安くて美味しいワイン選びに失敗しない方法
> ・上手に反論する方法
> ・マンガで学ぶ、「人生勝ち組」になる方法
>
> 数字入りのタイトルも人気です。
> ・「頑張って」の代わりに使える、7つの励ましの言葉
> ・「おもしろい書評」を書くために必要な7つの知識
> ・会社に依存しない人生を手に入れるために読みたい本12選
>
> その他に「〜の知識」で終わるタイトルが多かったです。意外と穴場的なタイトルかもしれません。ぜひ参考にしてみてください。
> ・ワイン初心者が知っておきたい、簡単なワイン選びの知識
> ・独立起業して、損をせず資産を築いていくための知識
> ・「おもしろい書評」を書くために必要な7つの知識

Section 03-04 文章は分割し小見出しを入れる

ブログ記事には、小見出しを積極的に入れましょう。読者は、ネット上のコンテンツをざっと眺めているだけで、文章を細かく読んでいません。小見出しがあると、読者が文章を理解しやすくなります。

最強の文章術は「分割」

文章力とは、わかりやすい文章を書ける力のことです。文章をわかりやすく書くためには、言い回しや言葉の選び方よりも、文章の構造が大切です。

まとめて一度に伝えるのではなく、小さなテーマに分割すると、読みやすくなります。文章が論理的になるからです。

例えば、休日に釣りに行ったことを、ブログに書くとします。休日の様子を時間順に書いていくと、ただの日記になってしまいます。読者のためになる記事を書きたいのであれば「釣り」を以下のように分割してみましょう。

- タックル（竿＆リール）
- 仕掛け
- ポイント
- 結果

4つの小見出しをつくって、小見出しに沿って文章を書くことで、情報が整理された読みやすい記事を書くことができます。

■気になることを書き出しておく

書きたいことが漠然としているならば、気になることをすべてメモに書き出してみましょう。メモを元に、似た者同士は同じグループにまとめたり、もっと分割できるものは、詳しい内容を加えたりすると、小見出しのリストができあがってきます。頭の中だけで考えるとまとまりにくいです。言葉にして書くことで、頭の中を整理できます。しばらく時間が経ったあとで読みなおしてみると、新しいインスピレーションが生まれることがあります。

小見出しの候補が、記事タイトルの案になることもあります。とにかくメモしておきましょう。ブログのネタ帳になります。

無理やりでも小見出しは入れる

文章は分割するほどわかりやすくなります。1つの記事につき、小見出しは3つ以上入れるようにしてください。3つ未満だと、コンテンツの量だけでなく質的に不足している場合が多いです。

小見出しをひねり出すことで、記事の内容がレベルアップしていきます。すぐに思いつくような文章は、すでに言い尽くされていることが多いです。無理やりにでも小見出しを引き出した方が、面白い文章になります。

小見出しの作成にはロジカルシンキングが役立つ！

ロジカルシンキングとは、物事を筋道立てて体系的に考える技術です。相手にわかりやすく説明できます。「MECE（ミッシー）」と「ピラミッド構造」が基本です。

MECE（ミッシー）とは、「モレなくダブリなく」の意味です。ピラミッド構造は、複雑なものを小さなものに何段も分割する手法で、ロジックツリーと呼ばれています。本節での文章の分割のテクニックは、ロジカルシンキングになっています。

ロジカルシンキングは難しい話ではなく、誰でも日頃から利用している思考法です。わかりやすいブログ記事を書くときに役立ちます。

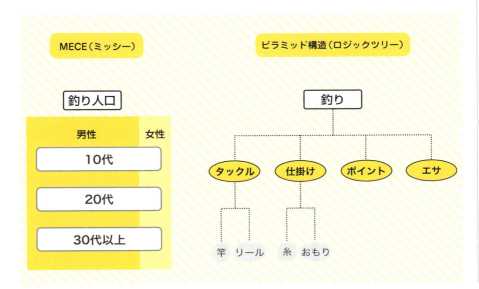

Section 03-05 最後まで読ませる記事とは

ブログ記事は「最後まで読まれる文章」を目指しましょう。読みやすく、内容が面白い文章には、最後までグイグイ引っ張られます。序文から引き込み、重要なことから優先して書いて、途中で読者を逃がさないようにしましょう。

次の文章を読みたくなるように書く

　良い文章とは、読みやすい文章であったり、面白い文章であったり、適度に小見出しで分割されている文章だったり……というお話をしてきました。突き詰めて考えていくと、「良い文章とは最後まで読んでもらえる文章」と言えるでしょう。読みづらかったり、面白くなかったりすると、人は途中で読むのをやめてしまうからです。

　最後まで読んでもらうためには、簡単でわかりやすい言葉を使うのはもちろんのこと、次へ次へと文章を読ませていくしかけが必要です。文章の役割を「次の文章を読ませる」と考えると、最後まで読まれやすい記事を書くことができます。バケツリレーのように、読者を次々と先へ送っていくのです。

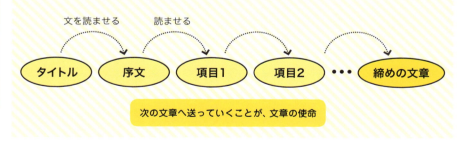

次の文章へ送っていくことが、文章の使命

序文で引き込む

　記事のタイトルで引き込んだら、次に目に入るのが、序文です。序文にスピード感がないと、読者は白けて読むのをやめてしまいます。記事で一番言いたい結論を、序文で述べてしまいましょう。結論ファーストです。序文以降では、結論に至った経緯や、具体的な説明をしていきます。

　あえて序文に結論を書かず、じらす方法もあります。「その理由とは？」といった言葉

で序文を締めるのです。テレビ番組の「正解は……CMのあと！」と同じ手法です。ただし、使い過ぎるとしつこいです。注意して利用しましょう。

重要な順に書く

序文のあとの本文は、重要な項目から書きましょう。文章がダラダラ続くと、読者は途中で読むのをやめてしまいます。出し惜しみをする必要はありません。文章の流れで多少前後してしまってかまいません。読者は最後まで読んでくれないものだと考えて書くと良いでしょう。一番言いたいことを最後にすると、読まれないことが多いです。重要なことは繰り返し書きましょう。

長ければ良いものではない

文章が長ければ長いほど、最後まで読んでもらえる確率は低くなっていきます。長文を最後まで読ませるには、それなりの技量が必要です。

長過ぎると感じたら、思い切って文書を削ったり、記事を分割することを考えてみましょう。読者が気持良く最後まで読み切ってくれることが、ブログ読者の増加につながります。

新聞記事の構成は参考になる

- 見出し（タイトル）
- リード文（前文）
- 本文

ぱっと見て内容を理解できる構造

MEMO

Googleは滞在時間を見ている？

Googleは、滞在時間をランキングの評価事項にしていると言われています。文章を解析するよりも、実際に人がどのように記事を読んでいるのかを監視して、最後までじっくり読まれている記事を評価したほうが確実だからです。

とはいえ、文章を増やして長文にすれば良いわけではありません。むやみに水増しして、最後まで読み切ってくれない記事は、評価が下がるはずです。何ごともバランスが大切です。

Section 03-06 太字を上手く利用する

記事中の重要な単語や文章を太字にすると、メリハリがついて読みやすくなります。ただし、太字が多すぎると逆にわかりにくくなります。バランスが重要です。

重要な部分は太字にする

文章中の重要な部分は太字にしてみましょう。繰り返しになりますが、読者はブログ記事を眺めるように読んでいます。文章中の重要な部分を太字にしておくと、太字部分が目に付き、ざっと眺めるだけで、文章の内容を理解できるようになります。

最初の一語から全部読んで欲しいのが本音です。しかし、現実的には難しいです。ブログでは、全部読んでもらうことより、メッセージが伝わるかどうかが大事です。少しでも読む人の負荷を減らして、メッセージを届けることを優先しましょう。

通常の記事

お客さんからお金をもらうビジネスは、多かれ少なかれ、自身の「信用」を切り崩している部分があります。販売によって信用が減ることがあっても、別のところで信用が増えていればいいのですが、トータルで信用が減り続ければ、最後は倒産してしまします。信用は利益の源泉です。

太字を使った記事

太字のおかげで重要なメッセージが読者に届きやすくなっている

お客さんからお金をもらうビジネスは、多かれ少なかれ、**自身の「信用」を切り崩している部分**があります。販売によって信用が減ることがあっても、別のところで信用が増えていればいいのですが、トータルで信用が減り続ければ、最後は倒産してしまします。**信用は利益の源泉**です。

見た目にメリハリがついてGood！

太字の使用は一段落につき1〜2回

　大切だと思う部分をすべて太字にしたいところですが、見た目のバランスを考えると、一段落につき1個、多くても2個くらいにしましょう。

　教科書に線を引きすぎて、どこが重要なのかわからなくなってしまうの同じです。多すぎると、逆に重要な箇所がわかりにくくなり、読者が混乱します。太字にするのは、単語でも文章ごとでも構いません。なるべく短くするように心がけましょう。

太字の分量が多く、読者が重要なところを絞りにくい

⬇ 太字の量を減らしてみる

一段落につき1〜2回の太字でわかりやすい！

<strong>か<b>か

　太字にするためのHTMLタグで、よく知られているのは<strong>と<b>です。<strong>はその名の通り、強調を意味します。記事のテーマを示す重要なキーワードのみに付けるようにしましょう。

　<b>タグは、単純に太字を意味するタグです。現在は非推奨要素になっています。見た目を変更するなら、スタイルシートで行うことが推奨されています。HTML&CSSがわからない方は、<b>タグを利用してください。太字にしたい文字の前に<b>、後ろに</b>と書けば太字で表示できます。

HTML
`<span class="bold"></span>`

スタイルシート
`.bold {font-weight:bold;}`

Section 03-07 画像を必ず入れよう

わかりやすい画像が一枚あるだけで、ブログ記事は格段に読みやすくなります。画像はできるかぎり使いましょう。記事の内容とマッチした写真があればベストです。マッチした写真が無い時の対処法も知っておきましょう。

ブログは文章+画像だと心得る

　パソコンやスマホは、紙の印刷物よりも、文字が読みにくいです。ディスプレイでブログを読み続けるのは負担が大きく、文章だけがずらっと続いていると疲れてしまいます。画像は必ず入れましょう。読者はブログを眺めるように読んでいるので、記事の内容にマッチした画像があると、視覚からスッと内容が頭の中に入ってきます。また、記事の途中に画像が入っていると、ひと休みになります。

　文章で長々説明するよりも、きれいな画像を一枚を見せたほうがわかりやすいです。ブログに画像は必ず入れるもの、画像が入っていないとブログ記事として形をなさないぐらいの意識でいたほうが良いでしょう。

SNSでシェアしたときに写真があると目立つ

　ブログ記事に画像があると、TwitterやFacebookでシェアする時に、キャッチ画像が表示されます。キャッチ画像があると、人目につきやすくなります。

　人は記事を読むか読まないかを、一瞬で判断します。記事タイトルだけだと弱いです。目立つキャッチ画像があれば、読んでくれる可能性が高くなります。

テーマにマッチした画像がないなら「連想ゲーム」をやってみよう

　ブログ記事のテーマにマッチした写真を掲載できるのがベストですが、ちょうど良い写真が揃わないケースもあります。そんな時にお勧めなのが、「連想ゲーム」の要領で、○○なら□□のように、少しズレた写真を利用する方法です。

　例えば、『『続ける方法』を身につければ、人生が変わる。(http://www.wakatta-blog.com/8932.html)」の記事は、良い写真が見つかりませんでした。そこで、

　　続ける方法 → 続いている → 並んでいる

と連想しました。公園で並んでいるオブジェの写真を撮ったのを思い出し、記事のキャッチ画像として利用しました。この記事は、500以上のはてなブックマークが付き、多くの方に読んでいただきました。画像の寄与は大きかったはずです。

関係ない写真を掲載してはいけません。読者の期待を裏切ってしまいます。連想ゲームの方法で、少しでも記事の内容に近い写真を使用しましょう。

アーチの写真をキャッチ画像に。「続ける」のキーワードを視覚的に伝えています

日頃から写真を撮っておく

日頃から、ブログに使えそうな写真を撮っておきましょう。写真はスマートフォンのカメラで十分です。風景やオブジェなどを、インスタグラムのカメラで撮っておくのがお勧めです。インスタグラムは人気のSNSです。ついでに楽しみましょう。

写真を自前で用意できると、ブログのブランディングになります。写真には、センスがにじみ出てくるので、ブログの個性につながります。ブログ用の写真の撮り方については、次ページから詳しく解説します。

> **MEMO**
>
> **無料素材を使うのも手**
>
> 画像は自分で撮った写真で用意できればベストです。すべて用意できない方は、無料素材を使いましょう。ぱくたそ（https://www.pakutaso.com/）や足成（http://www.ashinari.com/）では、色々なジャンルの写真が数多く登録されています。人物写真もあります。無料素材サイトはたくさんありますが、中には登録素材の著作権をチェックしきれていないところがあります。無料素材だということで利用したら、著作権侵害でクレームが来たケースがあるそうです。充分に信用のおけるサービスを利用しましょう。

Section 03-08 ブログ用のきれいな写真の撮り方

きれいな写真を掲載するだけで、ブログが華やかになります。ブログへの印象が良くなります。高価なカメラは必要ありません。スマートフォンで十分です。最近のスマートフォンのカメラの性能は優秀です。

スマートフォンのカメラで充分

気になったものは、スマートフォンでさっと撮影しておきましょう。スマートフォンのカメラは性能が優秀で、大抵のものはきれいに撮影してくれます。

スマートフォンの最大の利点は、常に手元にあることです。シャッター音が気になる場合は、シャッター音を消せるカメラアプリを利用しましょう。iPhoneでは、カメラアプリ「OneCam」、Androidは「無音カメラ」がお勧めです。「Instagram」は、色々なフィルターがあり、色合いを変更できます。例えば、夏の風景の写真をLo-Fiフィルタでコントラストを強めると、より鮮やかでインパクトのある写真になります。

ブログ用の写真は、縦長よりも横長の方が使いやすいので横長で撮ります

MEMO
わかったブログの写真
筆者が運営する「わかったブログ」では、ほぼすべて自前の写真を利用しています。写真がないときは、わざわざ撮りに外出することもあります。ブログにおける写真の役割は重要だと考えています。

ピントは絶対に合わせる

どんな高価なカメラを利用しても、ピントが合っていない写真は使えません。ブログに掲載する写真は、ピントが合っていることが大前提です。スマートフォンのカメラだ

と、画面をタッチしたところにピントが合うように設定できます。撮ろうとする対象物に、ピントをしっかり合わせるようにしましょう。

　店内などの暗い場所だと、シャッタースピードが遅くなって、手ブレしてピントが合わない時があります。両手でしっかり持って肘を立てたりして、カメラを固定して撮影しましょう。コンパクトな三脚を使うのも有効です。

　逆光下などでない限り、ストロボは使わないようにしましょう。雰囲気がまったく変わってしまいます。自動発光はオフにしておくことをお勧めします。

アップと構図

　写真撮影に慣れてきたら、構図を工夫してみましょう。たとえば、対象物を真ん中にして撮影するのではなく、思い切ってアップにしたり、ずらして撮影すると、面白い写真になります。

■ 基本はアップで撮影

　写真は「引き算」と言われています。余計なものを排除することで、主題がはっきりします。なるべく被写体に近づいて撮りましょう。

オレンジ以外に柵などが写ってしまっている

思い切ってアップにしてみると…

主役の存在感が強い！

■三分法

　被写体を構図の真ん中において撮ると、どこか物足りない写真になります。デジカメの設定で3分割のグリッド線を表示して、線の交点に主題を持っていくと、構図的にバランスがよくなります。

■背景処理

　背景に余計なものが入っていると、主題がボケてしまいます。毛布・ランチョンマットなどを下に敷くことで背景を処理しましょう。生活感を出したい場合は、あえて背景に台所の様子を入れたりします。基本は接写して周辺はぼかす方が主題が映えます。

ミラーレス一眼＋単焦点レンズで写真のレベルを上げる

　より写真のレベルを上げたければ、一眼レフカメラを使用するとベストです。しかし、一眼レフカメラは大きいので持ち歩くには不便です。そこでお勧めなのが、ミラーレス一眼カメラです。コンパクトカメラ並の大きさのボディに好みのレンズを装着できます。一眼レフカメラに匹敵するレベルの写真が撮れます。

MEMO

お勧めのミラーレス一眼カメラ

筆者は、オリンパスのE-PM2に、パナソニックの単焦点レンズ（F1.7）を装着しています。コンパクトで持ち運びが便利です。オリンパスのカメラは、料理が美味しそうに撮れるので、気に入っています。

Section 03-09 本文の締め方

文章の最後をどう締めるかは、悩ましいところです。平凡な文書で終わらせたくはありませんし、逆に強すぎると後味が悪くなります。センスが問われる部分ですが、うまく乗り切る方法があります。

文章は最後の処理が一番むずかしい

ブログ記事の最後をどう締めるかは、重要な問題です。タイトル、ネタ、小見出しと記事をしっかり書いても、文章をどう終わらせるかで、読者の読後感が変わってくるからです。裏を返せば、書き散らかした感があっても、最後をしっかり締めれば、文章としてまとまります。無難な締め方としては、記事で伝えたい内容のまとめや結論、今後の展望がよく見られます。

「思います」では、締めないこと！

一番やってはいけないのが、「〜だと思います。」で締めるパターンです。「思います」は、自信がなかったり、他人ごとのようなイメージがあります。他の箇所では使っても、文章の最後だけには使わないようにしましょう。気の抜けたような印象が残ってしまいます。

決め台詞で締める

有名ブロガーのちきりんさん（http://d.hatena.ne.jp/Chikirin/）は、すべて「そんじゃーね」という決め台詞で締めています。ホームページを作る人のネタ帳さん（http://e0166.blog89.fc2.com/）は、「それでは、また。」の決め台詞を使っています。

このような、「いつもの決め台詞」は、続けて使っていくうちに、ブランド化していきます。最後の言葉で誰が書いた記事か分かるようになります。ただし、実力が伴わないと痛い記事になってしまうリスクがあります。注意して使用しましょう。

Chikirinの日記｜ http://d.hatena.ne.jp/Chikirin/

ホームページを作る人のネタ帳｜ http://e0166.blog89.fc2.com/

タイトルの復唱で締める

はてなブログで有名な、SONOTA(http://etc.hateblo.jp/)さんは、以下のフォーマットを使用して、タイトルの復唱で締めています。

> 以上、＜記事タイトル＞…という話題でした。

ブログ記事のタイトルは記事のコンセプトを表したものなのです。最後にもう一度紹介することで読者の読後感が良くなります。

タイトル	本文の最後
「レッツノートの2016年春モデルCF-SZ5を購入（カスタマイズモデル）！実際にCF-SZ5を使ってみた感想＆レビューまとめ」	以上、レッツノートの2016年春モデルCF-SZ5を購入（カスタマイズモデル）！実際にCF-SZ5を使ってみた感想＆レビューまとめ、という話題でした。

あとがきを書く

記事の最後に、あとがきを書いてみましょう。電子メールの「P.S.」と同じです。記事で伝えたい内容のまとめや結論、今後の展望といった無難なことでも、あとがきとして書くと、文章が締まります。電子メールではあとがきが一番、相手に伝わるそうです。ブログでも、「あとがき」に一番伝えたいことを書くと、より伝わる記事になります。

■「今日のわかった」の奇跡

わかったブログでは、「今日のわかった」というあとがきを掲載しています。本文に多少難があったとしても、最後にまとめを入れることで文章全体が締まることに気がついたからです。読者は「今日のわかった」を楽しみにしていて、たまに書き忘れると、「今日のわかったがありませんよ」とツイートが送られてきます。内容は、本文のまとめだけではなく、記事を書いた後の感想や、読者へのお知らせなど多岐にわたります。「今日のわかった」を入れることで、文章が得意でなかった筆者でも、文章を書き切れるようになりました。

今日のわかった

強豪清水FCの初代監督は、「サッカー選手は、学校で尊敬される人になって欲しい」と子供たちに伝えていたそうです。

サッカーを頑張っているから、挨拶ができる。他の人を助ける。勉強を頑張っている。そう言われるようになって欲しい。

その通りだと思いました。

今日のわかったの例。一文だけでもあると、文書が締まります

Section 03-10 書評にチャレンジしてみよう

読書が好きならば書評にチャレンジしてみましょう。コツをつかめば書きやすいコンテンツです。書評は本のあらすじや要約を書くことではありません。本を読みながら考えたことをまとめた「読書エッセイ」を書いてみましょう。

読書が趣味なら絶対にチャレンジ！

せっかく本を読んでも、読んだままだと、時間とともに内容を忘れてしまいます。非常にもったいないです。書評記事を書いてアウトプットしましょう。読んだ本を自分の言葉でアウトプットすることで、より良い読書体験になります。

本を1冊読めば一記事書けてしまうので、ブログ記事のネタとしては効率が良いです。書評はブログ記事では人気ジャンルで、読者も喜びます。ぜひチャレンジして欲しいです。

本の要約ではなく、自分が考えたいことを書く

本のあらすじを順番に書いて、その都度「私もそう思いました」「共感しました」のようなコメントが続くと、平凡な記事になってしまいます。

書評の書き方には色々な考え方があります。本書では厳密な意味での書評ではなく、自由な形で書ける「読書エッセイ」をお勧めします。本を読みながら自分が考えたことを中心に文章にする方法です。

本の内容を書きすぎてしまうと、読者は本を読む必要が無くなってしまいます。また、過度のネタバレは本の著者に対して失礼ですので、やめましょう。

自分の得意分野に強引に引き込む

エッセイを書くコツは「補助線」を意識することです。コンセプトの章で紹介したものと同じです。自分の得意な仕事や趣味、スポーツ、自分自身の経験などです。本の内容と得意分野を強引に結びつけて文章を書くのです。

乱暴な言い方になるかもしれませんが、要するに、本をダシにして、自分の考えを語るのです。異なる分野の知識が融合して、オリジナルな文脈が生まれます。もしサッカーが好きなら、ビジネス書籍の書評をサッカーの組織論や技術論にからめて書くと良いでしょう。無理矢理ぐらいのほうが、面白い書評になります。

読書エッセイの書き方

筆者が読書エッセイを書くときの、基本的な流れを紹介します。

1 本を読みながら、共感できる部分に片っ端から付箋を貼る。ちょっとでも気になった部分はすべて付箋を貼る。

2 最後まで読み終えたら、付箋紙の貼ってある部分だけを最初から読みなおす。1/10くらいの時間で読み終わるはず。

3 特に気になった部分だけ5〜10個選んで、違う色の付箋を貼る。

4 上記で選んだポイントを小見出しにして、文章を書いていく。このとき、本は閉じて、自分の言葉で文書を書く。自分の得意な分野に引き込んで、好きなように書いていく。

5 再び本を開き、引用する文章を探す。引用は最小限にして、記事で一番主張したいことをサポートしてくれる文章を引用するのがコツ。記事の結論を引用に投げてしまうのも効果的。自分の持論を、第三者の文章で補強すると、説得力が出る。

MEMO

引用のし過ぎ、書き過ぎに注意

筆者は、ブログで書評記事を書くことが多いです。調子に乗って多くの引用をしたあげく、引用に対する自分の意見の部分にも書籍の内容と似たことを書いて書評記事としてポストしたら、著者さんからクレームの連絡が来たことがあります。私は自分の書き過ぎに気がつき、記事は全面的に書きなおして、謝罪しました。本を熱中して読んでいると、読んだ文章が自分の一部となって、自分の考えと区別がつかなくなってしまうことがあります。注意が必要です。

Kindleは書評ブロガーの味方

　書評にはKindle電子書籍が便利です。紙の本で付箋紙貼るように、気になった文章を指でなぞると、ハイライト表示ができます。ハイライトした部分だけ、PCやスマホでピックアップして読むことができます。

　しかも、ハイライトした文章はコピー＆ペーストできます。紙の本だと、引用する文章を読みながら自力でタイプする必要がありますが、Kindleならコピペですみます。

　書評記事を書くのなら、電子書籍での読書がお勧めです。

ちきりんさんの「マーケット感覚を身につけよう（ダイヤモンド社）」を、スマートフォンで読んでいる様子。気になった箇所は片っ端からハイライト。ハイライト部だけまとめて読むことが可能です。Kindleマイページからなら、コピペが楽です

面白い書評を書くには？

　面白い書評を書くのに必要なことは……ズバリ、面白い本を読むことです。ブログ記事はネタが勝負だと述べたとおり、面白い書評を書きたいのであれば、良いネタを仕込む、つまり、面白い本を読むしかありません。

　面白い本を探すコツは色々あります。書籍のタイトルを読んでピンと来るかどうかは重要です。ブログ記事のタイトルが大切なのと同じで、書籍もタイトルが勝負です。書名が面白そうな本は、内容も面白いことが多いです

　書評が得意なブログをチェックして、面白そうな本の情報を常に集めましょう。

Section 03-11

「レビュー記事」を マスターする

ブログ記事のほとんどが、なにかを紹介する記事、つまり、レビュー記事です。レビューといっても、単に商品のスペックを紹介するだけでは、他のブログと差別化ができません。主役は商品ではなく、「ブロガー自身」であることを意識して書くと、オリジナリティのあるレビュー記事になります。

ブログ記事のほとんどはレビュー記事

　買った商品や、食事をしたお店を紹介するブログを良く目にします。前節で紹介した書評記事も、本を紹介する記事です。世の中のブログ記事のほとんどは、何かを紹介しています。つまり、ブログ記事ほとんどは、レビュー記事なのです。

　多くのブログが、商品のスペックや使い方の紹介に終始した記事を書いてしまっています。色は何色だとか、スイッチの位置だとか……メーカーのウェブサイトやマニュアルを見れば分かる情報を、ブログに書く必要があるでしょうか？ 他のブログと同じような内容になってしまい、差別化ができません。

　読んで面白いレビュー記事とはなにか？　色々な意見があると思いますが、本書では「商品を通して自分をレビューする記事」を提案します。

商品レビュー記事は書評と同じ

　商品を紹介する記事も、書評と同じように考えます。書評が本のあらすじや要約を書くものではないのと同じで、商品レビューも商品の色や大きさといったスペックを紹介する必要はありません。

　細かいスペックを記載せずとも、商品の全体写真が一枚あれば十分です。その代わり、商品への期待、商品を購入するまでの経緯、実際に使った感想といった、自分に関わることを書いていきます。商品を購入したことによる、生活の変化についての話は面白いです。書評と同じように、補助線を意識します。補助線とは、「自分」です。商品をダシに自分を語るのです。

主役は商品ではなく「自分」

　レビュー記事の目的とは、書籍やグルメ、商品の紹介を通して自分を知ってもらうこ

とです。つまりブログ記事は、突き詰めていくと、すべて自己紹介なのです。

個人ブログが大手ブログに対抗するには、差別化が必要です。違いの源は、ブロガーの人間性です。同じものを紹介する際、表面的なことを説明するのではなく、自分というフィルターを通して語るだけで、オリジナルな内容になります。レビュー記事は商品が主役ではなく、「自分が主役」であることを、常に意識しましょう。

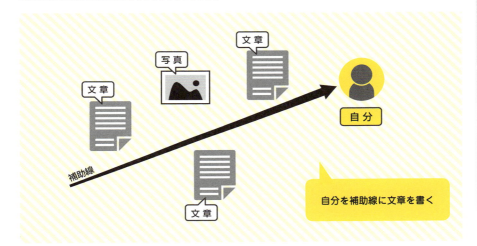

自分の引き出しを増やす

「語れる自分」を増やしていくと、レビュー記事はより書きやすくなります。毎回同じ結論だと、読者は飽きてしまいます。自分の引き出しを増やしましょう。

一概には言えませんが、年齢を重ねた人の方が面白い文章を書くケースが多いように感じます。人生経験が豊富だと、引き出しが増えていくからです。もちろん、若くても多くの経験を積んできた人の文章は面白いです。

「若い時の苦労は買ってでもせよ」とよく言われます。苦労や失敗の経験は、人生の貴重な財産です。人と話したり、文章を書く時の引き出しが増えていくのです。

マイナス評価を正直に書こう

悪いところ、弱いところは、どんなものにも必ずあります。正直に書きましょう。その分、良い所を熱く語れば良いのです。

すべてが完璧なものは存在しません。良い所ばかりだと、提灯記事になりかねません。マイナスの面をきちんと書くことによって文章の信ぴょう性が上がり、ブログ全体の信用につながります。

Section 03-12 グルメレポートにチャレンジしてみよう

グルメレポートを書けると、ブログ記事の幅が広がります。グルメ情報は多くの人が欲しがっています。しかし、グルメ記事は意外と難しいです。一番のポイントは「写真」です。料理を美味しそうに撮影する方法を知っておきましょう。

「美味しい」と書いてはいけない

　グルメ記事では、安易に「美味しい」と評価してはいけません。美味しいと書いてしまうと、他に何も書きようがなくなりますし、文章自体が軽くなってしまいます。

　美味しいと書くかわりに、店内の雰囲気や、店員さんのちょっとした言葉、素材の産地の情報などの、周辺情報を説明することで、「この料理は絶対に美味しいはずだ」と、読者自身に想像させるのです。

　このテクニックは、書評や商品レビューでも使えます。「面白い」「便利だ」のような安易な言葉は、なるべく使わないようにしましょう。

グルメ写真のコツ

　グルメ記事において、写真は最も重要です。美味しそうに撮れている写真があれば、美味しさがより伝わります。ところが、料理を撮ってみると意外と難しい。美味しそうに写らないのです。色合いがイメージと違っていることが多いです。カメラ側の設定で調整できる場合があります。以下の3つのポイントに注意して撮影してください。

■料理写真撮影ポイント① フラッシュは使わない

　暗い場所だと自動的にフラッシュが動作しまうことがあります。フラッシュが光ると、料理が白っぽくのっぺり写ってしまいます。フラッシュはオフにしておきましょう。

■料理写真撮影ポイント② ホワイトバランスを調整する

　ホワイトバランスとは、白いものが正しく白く写るように調整する機能です。写真全体の色合いを調整できます。料理の写真の色合いが青っぽくなってしまったら、ホワイトバランスの設定を「太陽光」「曇空」に設定しましょう。赤みが強くなって、美味しそうな色合いになります。

■ 料理写真撮影ポイント③　露出を調整する

暗い写真だと美味しそうに見えません。露出を上げて画面を明るくしましょう。逆に明るすぎる場合は、露出を下げましょう。お使いのカメラ、スマホの操作方法を調べておきましょう。

グルメ写真は、アップ気味の写真の他に、店内の雰囲気がわかる写真を撮っておくとGoodです

お勧めアプリ&カメラ

最近のスマートフォンのカメラは、特に調整をしなくても料理が美味しそうに撮れます。グルメ専用のカメラアプリもお勧めです。

ミイル（miil）
グルメ専門のSNSアプリ「miil」に付属のカメラです。料理に合った色合いを選べたり、ソフトウェア的に周囲をぼかすことも可能です。

Foodie
LINEが公開しているグルメ専用カメラ。料理に合わせて色合いを変更できます。シャッター音を消せるのが便利です。

■ やっぱり一眼カメラ！

スマホでも十分美味しそうな写真は撮れますが、圧倒的な描写を目指すなら、一眼レフカメラで撮影しましょう。しかし、大きな一眼レフカメラをお店に持ち込むのは気が引けます。コンパクトサイズのミラーレス一眼がお勧めです。

> **MEMO**
> **飲食店でのマナーを守ろう**
> スマートフォンとソーシャルメディアが普及して、飲食店内で写真を撮るのが当たり前になってきています。料理は温かいうちに食べて欲しいのが、料理人の本音でしょう。音が響くお店だと、大きなシャッター音は、周りのお客さんに迷惑になります。初めてのお店なら、「写真を撮って良いですか？」と、店員さんにひと言聞きましょう。手早く撮って、料理を美味しく頂くのがマナーです。

Section 03-13 スマートフォンで書く

スマートフォンでブログを更新できるようになりましょう。移動時間にブログ記事を書けると、時間の節約になります。出先からの更新も可能です。フリック入力をマスターすれば、キーボード並の速さで入力できるようになります。

どこでもブログが書ける

ブログ更新頻度を上げようとすると、時間が足りなくなります。通勤や自宅の移動中などの時間を有効活用するなら、スマートフォンが便利です。

ブログ用の写真をスマートフォンで撮影して、スマートフォンで記事を書き、写真を挿入してポストすれば、すべてスマホ一台で行えます。スマートフォンでブログを書くことは「モブログ」と呼ばれています。モブログは、効率的で理にかなっています。PCで書きたい人でも、スマートフォンで記事の下書きをすれば、時間を有効に利用できます。下書きにはEvernoteが便利です。スマートフォンとPCでデータを同期できるので、スマホで途中まで下書きをして、残りをPCで書くことができます（94ページ参照）。

ちょっとした合間に書けるのが便利です！

MEMO

無線LAN搭載SDカードを利用する

スマートフォンで記事を書くようになると、出先で一眼カメラなどで撮った写真をスマートフォンに送りたい場合があります。そんなときは無線LAN搭載SDカードが便利です。SDカード内にWi-fiが入っていて、カメラからスマートフォンに写真を転送できます。

するぷろを使う

　スマートフォンで直接ブログを書くなら専用のブログエディタアプリが便利です。iPhoneのブログエディタアプリは「するぷろ」が有名です。WordPressやMovableTypeなどに対応しています。<H2>などのタグは、Morkdown（<H2>なら##を前につける）で記述すると簡単に入力できます。写真を最初に一括して選んで、写真の間に文章を書いていけば、記事が完成します。AndroidはWordPress純正アプリがお勧めです。

■ するぷろにブログ情報を設定する

1. 右上の「人のマーク」をタップする。
2. 設定画面の右上の「＋」をタップする。
3. 必要事項を入力する。右上の「追加」をタップすると設定完了。

■ 入力事項
- ブログ名：ブログの名前を入力
- サービス：WordPressの方はWordPressを選択
- エンドポイント：ブログのURL。わかったブログならhttp://www.wakatta-blog.com
- アカウント：ブログ管理画面のログイン時のアカウント名
- パスワード：ブログ管理画面のログイン時のパスワード
- ブログID：WordPressなら1
- カスタムフィールド：利用している方はフィールド名を入力
- 画像の横幅指定：縦長、横長、正方形各々の画像の横幅を入力

■するぷろでの記事の書き方

1 するぷろを立ち上げ、一行目にブログタイトルを入力する。

2 右上の「カメラ」アイコンをタップして、キャッチ用の画像を選択する。「完了」をタップして記事入力画面に戻る。

3 右下の「BODY」をタップ、もしくは画面を右にスワイプすると、「BODY」が「MORE」に変わる。こちらは追記の画面になる。

 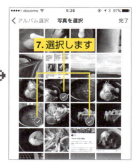

4 再び右上の「カメラ」アイコンをタップして、記事中の画像を選択する。表示させたい順番に選択する。

5 画像タグの間に、文章を入力していく。

6 右上の「目のマーク」をタップすると、プレビューできる。

7 左上の「Post」をタップして、「投稿」をタップすると投稿できる。下書き保存したい場合は「下書き」をタップする。

| MEMO
「SLPRO X」を利用する
「SLPRO X」は、するぷろの上位アプリです。するぷろがHTMLエディタなのに対して、SLPRO XはWYSIWYGエディタといって、実際にウェブ表示と同じ状態で記事を書けるタイプのアプリです。

WordPressの管理画面は意外と使える

WordPressの管理画面はスマートフォンに対応しています。ガチャガチャして少し使いにくいですが、スマートフォンからもPC版とまったく同じ操作を行えます。

プラグインなどでカスタマイズしている部分については、管理画面を利用しましょう。

筆者のWordPressの記事入力画面。プラグインでカスタマイズしている

フリック入力を覚える

スマートフォンで高速入力ができる「フリック入力」を、ぜひ習得してください。最初は50音の「あ、か、さ、た……」と一番最初の文字が表示されて、これをタップしながら上下左右にスワイプすると、あ行なら「い、う、え、お」を入力できます。ガラケーは「お」を入力するのに4回ボタンを押す必要がありますが、フリックなら一瞬です。スマートフォンを片手持ちして、親指でフリック入力をする人もいれば、両手でフリック入力を行う人もいるようです。入力しやすい方法で行いましょう。

フリック入力の際は、ガラケー方式の入力（連打する方法）の設定をオフにしておきます。オンにしたままにしておくと、「ああ」のように同じ言葉を連続して入力したい時に、時間がかかってしまいます。

慣れればスマホの方が楽に

Section 03-14 記事を推敲する

記事を書き終わったら、公開する前に必ず推敲をしましょう。誤字脱字や、文章的におかしい部分が多いと、ブログの信用が下がってしまいます。ざっと読むだけでも、大きな間違いに気づけます。

音読する

記事ができあがったら、プレビューして、最初から最後まで声に出して読んでみましょう。声に出して読むと、文章のリズムが悪いところ、助詞の間違いなどがわかります。

小説を書くプロの作家さんは、パソコンの画面で再読する以外に、紙にプリントアウトしたり、横書きを縦書きにして文章の形を変えて、繰り返し読んで推敲をするそうです。ブログの記事は後で修正できるので、そこまで推敲する必要はありませんが、参考になります。

誤変換、勘違いに注意

最近のワープロの日本語変換は性能が向上して、誤変換は少なくなっています。それでも、勘違いをして誤字をしてしまいます。いくら注意をしても、すり抜けはあります。読者がツイートで誤字を教えてくれたら、丁重にお礼して、修正しましょう。

■慣用句やことわざは覚え間違いの可能性がある

慣用句やことわざは、勘違いして覚えてしまっていることが多いです。ちょっとでも不安に感じたらネットで検索して、正しい表記と意味を確認しましょう。

人物の名前も要注意です。人名を検索して、正しい表記を調べましょう。ウィキペディアや本人のオフィシャサイトから、表記をコピペすると確実です。

> **MEMO**
> **カズさんの名前を間違えた**
> キング・カズこと、三浦知良さんの記事を書いた時、読者から漢字が間違っていると指摘を受けました。なんと「三浦和良」さんと書いてしまったのです。
> 人の名前を間違えるのは失礼です。顔から火が出るほど恥ずかしかったです。それから、人物名を記入するときは、Wikipediaで確認するようになりました。

日本語チェッカーでチェックする

ネット上に、日本語をチェックしてくれるサービスがあります。ら抜き言葉、二重否定、助詞不足、冗長表現、送りがなの間違いなどを指摘してくれます。文章をコピペするだけで簡単に利用できるので、投稿の前にチェックしてみてください。

- JTF日本語スタイルチェッカー
  http://www.jtf.jp/jp/style_guide/jtfstylechecker.html
- オンライン日本語校正補助ツール
  http://www.paper-glasses.com/jplan/
- 日本語のタイポ/変換ミス/誤字脱字エラーをチェック
  http://enno.jp/

弱者を叩いていないか？

職業・性別・文化・人種・民族・宗教・ハンディキャップ・年齢・婚姻状況などの話題では、激しい主張をすると、傷つく読者が生まれる可能性があります。一度傷ついた人は、読者として戻ってきてくれることはありません。「記事を読んで、傷つく人はいないか？」は常に意識して欲しいです。ポリティカル・コレクトネス（差別・偏見が含まれない用語）も意識しましょう。

ブログは誰でも読むことができます。ソーシャルメディアなどでバズが発生すると、多くの人に記事が届く可能性があります。せっかく多くの人が読んでくれるチャンスなのに、読者に不信感を与え、敵が増えてしまったら、本末転倒です。ブログは第三者のチェックが入りません。意識していなくても、他人を傷つけてしまうことがあります。しかし、ブログは書籍とは異なり後で修正できます。もし、読者からクレームが来た時は、真摯に対応しましょう。

> **MEMO**
>
> **ポリティカル・コレクトネス**
>
> ポリティカル・コレクトネスという言葉を初めて知ったのは、電子書籍作家の藤井太洋さんの講演でした。Youtube動画の「デジタルからの出発　そして日本SF大賞へ　新しい作家をともに生み出そう　日本独立作家同盟の活動（第19回［国際］電子出版EXPO）」を拝見して、興味を持ちました。電子書籍のセルフパブリッシングは、ブログに通じる部分が多いです。ぜひ視聴をお勧めします。
>
> **デジタルからの出発　そして日本SF大賞へ　新しい作家をともに生み出そう　日本独立作家同盟の活動（第19回［国際］電子出版EXPO）**
> https://youtu.be/Ti37HmLYs98

Section 03-15 自分の成長をコンテンツにする

> ブログを通じて自分を成長させたいと考えている人は多いでしょう。ブログをきっかけに、新しいことを始めてみませんか？ チャレンジの過程の記録は、そのままブログ記事になります。上達したり、レベルが上がっていけば、過程を記録した記事は、同じチャレンジをしている人にとって貴重な情報になります。

成長は面白い！

「ドラゴンボール」や「スラムダンク」といった人気マンガの魅力は、主人公が少しずつ成長するところにあります。人の成長物語は、面白いストーリの基本です。

ぜひ、新しいことにチャレンジして、その過程をブログ記事にしてみてください。頑張ったこと、工夫したこと、上手くいかなかったこと……すべての経験がブログ記事のネタになります。失敗してもかまいません。むしろ、失敗が多い方が面白いです。

同じことにチャレンジしている人は、ネットで情報を探しています。自分と同じような失敗をしているブログ記事を見つけたら、親近感がわくでしょう。コメントやソーシャルメディアを通して、コミュニケーションが生まれることがあります。身近な人だけでなく、全国の人々と交流しながら新しいことに挑戦する。ネット時代だからこそできる、自分を成長させる新しい方法です。

人の成長記録は参考になる

すでに成功した人の話は、途中の泥くさい部分が省略されていて、きれいな部分だけが抽出されていることが多いです。本当は、色々悩んだり、困ったり、悔しがったり……失敗して紆余曲折しているはずです。同じ道を目指す人にとっては、途中の苦労話からの方が、勇気をもらえます。

上手くいったことだけでなく、失敗の経験も、しっかり記録しておきましょう。失敗を克服したノウハウを記事にまとめれば、貴重なコンテンツになります。

「自分は人に教えられる立場ではない」と思う方もいるかもしれません。心配は無用です。自動車の教習所の先生がF1レーサーである必要はありますか？ 一般公道を運転するのに、F1の技術を教えてもらう必要はありません。教習所の教官は、一般の運転手

よりも、ちょっと運転が上手い方々です。誰でも、先生になれるのです。

書くから実現する

　書いたことは実現すると言われています。スピリチュアルか？ と思うかもしれませんが、本当に実現してしまうことが多いです。

　実は科学的な見地から説明できます。心理学で、「コミットメントと一貫性」に関する研究があります。簡単にいうと、人は約束を守ろうとするのです。

　社会において、約束破りは、信用をなくします。人は子供の頃から約束を守るようにしつけられています。

　書く行為にも、「コミットメントと一貫性」は発生します。一度書いた以上、後に引けなくなるのです。契約書や申込書をお客さん自身に書かせるのは、契約破棄を減らすためと言われています。命令されて強制的に書かされた文章に対しても、賛成する傾向があるという研究結果があります。

　ブログでも、「コミットメントと一貫性」の性質を上手く利用すると、自分のやりたいことを実現しやすくなります。記事に自分の目標を書くと、読者さんに達成を約束することになります。目標を達成しないと格好がつかないので、頑張れます。

　自分の思いを言葉にすると、達成するために必要なこと、足りないことが明確になってきます。文章を書くことは、「思考する」ことと同じです。ブログの場合、読者からのコメントやツイートで、新しい情報や、違う視点からの発想を貰えます。1人で考えるよりも、思考の幅が広がり、達成しやすくなるのです。

> **MEMO**
>
> **わかったブログの成果**
>
> マラソンのサブ3.5（3時間半以内）、ダイエット、禁煙、ゴルフ100切りなど、わかったブログで記事を書くことで、多くの目標を達成してきました。
> マラソンは目標を引き上げ、3時間8分台までタイムが伸びています。ゴルフはベスト91で、80台を狙えるレベルになりました。

> **MEMO**
>
> **ジョギングをしてみませんか？**
>
> 筆者はブログ運営に本腰を入れた同時期に、本格的にマラソンレースに出場するようになりました。記録を伸ばすために、ランニングフォームや練習内容を工夫して、その内容をブログにポストしています。
> 同じタイムを狙っている人が読んでくれているようです。マラソンレースは参加者が数千人と多いですが、読者さんは私と同じペースの方が多いので、近くを走っていることが多いのです。レース中やゴール後に「かん吉さんですよね？」と、よく声をかけられます。嬉しい限りです。

Section 03-16 成長している話題に乗る

読者を集めやすい話題は存在します。新しく発売されたガジェットや、アプリなど、ユーザー数が増えているネタに乗れると、一気にブログ読者を増やせます。

新しいガジェット情報に注目！

新しいスマートフォンが発売されると、スマートフォンの操作方法や、スマホケースなどの情報の需要が高まります。旬な情報をタイムリーにポストすると、ページビューが増えます。新しいガジェットを購入したら、徹底的に使い倒して、ブログにポストしましょう。ガジェットの人気が高まるのと平行して、ブログのページビューが増えていきます。流行に上手く乗るのです。

愛を伝えていく

乗っかる対象は、ガジェットでなくても、新しいソーシャルメディアや、ウェブサービス、アプリ、文房具や食べ物……なんでもかまいません。

例えば、「Evernote」は、汎用性があって色々な使い方ができる人気のメモアプリです。多くのブログで独自の使い方や工夫が紹介されています。

手帳を話題にしたブログも多いです。手帳は、毎年改良されたものが発売されていて、使い方は人によって様々です。色々カスタマイズできるのでネタに困りません。毎日の仕事や生活の重要なパートナーとして、愛着が深いので、良い記事が書けるでしょう。自分が「これだ！」と思うものに惚れ込み、愛を伝えていくことが、読者の心をつかむ原動力になるのです。

> **MEMO**
>
> **わかったブログはソーシャルメディアに乗った**
>
> 筆者のブログは成長に上手く乗りました。2010年のFacebookブームに乗っかりました。ブログとソーシャルメディアの補完性に気がついて、新たなネットマーケティングについて考えた記事を数多くポストしたところ、多くの人に読んでもらえました。ソーシャルメディアのフォロアーは急増し、同時にブログの読者が増えました。最近はnoteやMediumが面白そうです。
>
> note　　https://note.mu/
> Medium　https://medium.com/

■ 成長している話題に乗ってブレイクした成功ブログ三選

gori.me | http://gori.me

月間数百万ページビューを誇る人気ブログ。iPhoneやMacなどのApple商品関連の記事を多くポストされています。

きんどう
http://kindou.info/

Kindleの電子書籍のセール本や、新刊情報を紹介するブログとして、電子書籍市場の拡大と共に一気に有名ブログになりました。電子書籍の普及のための活動をされてます。

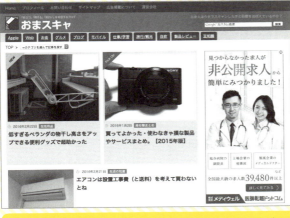

自炊関連の記事を集中的にポストして人気ブログへ。現在はガジェット、旅行関連の記事を多くポストされています。

おまえは今までスキャンした本の冊数をおぼえているのか? | http://ushigyu.net/

Section 03-17 読者が喜ぶ記事を書く

ネットで公開する以上は、読者に読んでもらうことを意識して記事を書きましょう。自分よがりの記事が多いブログは、読者が増えにくいです。「サービス精神」が大切です。

サービス精神を持ち、すべては読者のために書く

ブログの目的は、人にメッセージを伝えることです。「ブログは自分のために書く。読んでもらえなくてもかまわない」のであれば、日記をつければ良いでしょう。ダウンタウンの松本人志さんが、TV番組の中で、お笑いもビジネスも「サービス精神」が大切だと言っていました。お客さんが楽しく過ごせるように努力することで、お客さんは振り向いてくれるようになります。ブログも同じです。読者のためになることは労を惜しまず、すべてやりましょう。努力と誠意が、巡り巡って、自分に返ってくるのです。

ブログは人のためならず

才能は、自分のためにでなく、他人のために使うことで、初めて価値を発揮します。人間は社会的な生き物です。ブログも、他人を喜ばせるために、他人を強く意識して記事をポストすることで、自分の喜びとなり、周りから「信用・信頼」という、社会において一番大切なものを得ることができます。社会において、自分の価値を自分たらしめるのは、周りからの評価です。自分を上げていきたいと思えば、自分が！私が！ではなくて、まずは周囲の人たちのために、自分の才能を生かすことを考えましょう。

日記はノウハウ記事に書き換える

最もやりがちなのが「日記」を書いてしまうことです。「朝ごはんを食べて、散歩をして、街中のバーゲンで買い物をした……」のような、朝から順番に行動を記録した文章です。芸能人の日記なら喜ばれますが、一般人の日記を好んで読む人はいません。

日記ではなく、テーマを絞ってノウハウ記事に書き換えると良いでしょう。

散歩は「〇〇市でお勧めの散歩コース7選」、バーゲンは「□□商店会のバーゲン情報を確実にキャッチする方法」といった具合に、読者にとって有益な記事にするのです。自分にとっては当たり前の日常でも、他人にとっては知らないことだったりします。「こんなこと役に立たない」とは思わずに、お役立ち情報にならないかを考えてみましょう。

Section 03-18

法律違反に注意

法律違反に注意して記事を書きましょう。意識していなくても、気が付かないうちに違反をしている場合があります。問題があっても、直ぐに修正すれば解決するケースが多いです。連絡フォームは必ず設置しておきましょう。

ブログ運営に関連する法律

ブログ運営に関連する法律をまとめました。よく読んで、気を付けましょう。

①著作権

他人のブログから文章や画像をコピーして使用するのは絶対にやめましょう。元記事のブログがパクリの事実を公開すれば、多くの人の元へ情報が届きます。パクリネタは拡散しやすいです。ブログの信用は一気に落ちてしまいます。

②薬機法

医薬品でないのに、薬のような効果があると紹介してしまうと、薬機法に違反します。たとえば、健康食品を「一日3粒で痩せます」、化粧水なのに「お肌のシミが消えます」とは、紹介できません。薬事チェックツール「やくじるし（http://yakujicheck.com/）」に文章を入力すると、薬機法に違反しそうな文言をチェックしてくれます。1回の入力は30文字以内、1日3回まで。気になるときに利用してみましょう。

③景品表示法

実物よりも良いものと誤解させる表現はNGです。根拠のないランキングを公開して、ライバル企業の順位を不当に下げたり、二重価格をつけてお得だと誤解させてはいけません。

④名誉毀損、プライバシー侵害

他人の社会的評価を不当におとしめるような行為は、名誉毀損罪となります。特定の人の悪口をネット上に書き続けるような行為は、絶対にやめましょう。他人の私生活の様子を許可無く公開することは、プライバシー侵害にあたります。

連絡フォームは必ず設置

連絡フォームは、必ず設置しておきましょう。違反があっても、すぐに対応すれば問題は収まることがほとんどです。本人に連絡が取れないと、サーバー管理会社などに連絡が行って、アカウント削除といった最悪の結末となる可能性もあります。

Section 03-19 トラブルを最高のネタにする考え方

トラブルはできれば避けたいものです。しかし、人生では多かれ少なかれ、トラブルに遭遇します。起きてしまったことはしょうがありません。トラブルを解決して、その方法や過程をブログ記事にすることで、同じようなトラブルに巻き込まれた人々の手助けになります。

同じようにトラブルに遭う人は必ずいる

　仕事や生活の中で、大失敗することがあります。精神的にショックで、しばらく立ち直れないでしょう。しかし、こう考えてみたらどうでしょう？「トラブルは確かに残念で、二度とこんな気分は味わいたくない。けど、同じようなトラブルに巻き込まれる人はきっといる。頑張ってトラブルを解決して、その方法をまとめてブログに公開すれば、誰かの役に立つ記事になるはずだ」と。人々はトラブルに遭遇した時、まず検索エンジンで解決方法を調べます。トラブル解決記事は、多くの人に読んでもらえます。

検索キーワードを覚えておく

　自分がトラブルに遭遇したときは、検索エンジンで情報を集めたはずです。入力したキーワードをメモしておきましょう。そのキーワードを意識した記事をポストすれば、後で同じトラブルに遭遇した人が検索してくれる可能性が高くなります。小さなトラブルは、仕事や生活の中では、常に起きています。自分が問題解決するときに検索するキーワードは、新しい記事のネタになります。必ずメモをしておきましょう。

人生を乗り越えるタフさを手に入れる

　大きな失敗やトラブルに巻き込まれず、順風満帆の人生を送った人の話を聞いても、面白くありません。色々な危機的状況をいくつも乗り越えて、波乱万丈の経験をしてきた人の話の方が面白いですし、人間的な魅力を感じます。無難な人生を送れば、トラブルは少ないですが、成功は限定的で、人間力は磨かれません。チャレンジなくしては、得られるものは少ないです。トラブルはきっと解決します。解決できたら、ブログ記事にまとめれば、多くの人々のためになって、アクセスが得られると思えば、前向きになれます。ブログは我々のチャレンジを支えてくれるのです。

Section 03-20 節約術は最強のブログネタ

ブログ記事のネタに困ったら、節約の情報を記事にしてみましょう。お得な情報は誰でも欲しいもの。節約ネタは他の話題との親和性が高く、どんなブログでもポストしやすいです。ぜひチャレンジしてみてください。

お得な情報は誰でも欲しい

お金はすべての人にとって重要なものです。節約術は最強のブログネタです。世の中に好んで高いお金を払いたい人はいません。節約の情報は、多くの人にとって有益です。「節約」は多岐にわたるため、日々の生活で常に節約を心がけていれば、ネタ探しに困りません。安売りセール情報などのお得情報は、ブログの読者層にマッチしていれば、遠慮なく紹介しましょう。

> **MEMO 節約ブログのすすめ**
>
> これから立ち上げるブログのコンセプトに迷っているのであれば、節約ブログがお勧めです。節約ブログは、色々な話題を扱えるため、運営しやすいからです。ただし、漠然とした「節約」がテーマだと他の節約ブログと差別化ができません。子供の教育費の節約や、節約してローン繰り上げ返済など、絞ったコンセプトがあったほうが良いでしょう。共感してくれる読者は必ずいます。

「無料」は魔法のネタ

26円の高級チョコレートと、1円の安価なチョコレートを並べて売ると、26円の高級チョコレートの方が売れます。ところが、両方とも1円ずつ値段を下げて、25円の高級チョコと0円、つまり無料のチョコを並べると、無料のチョコレートを選ぶ人が圧倒的に多くなるそうです。これぞ無料の魔力です。ブログでも、無料サンプルや無料プレゼントの情報は、読者に喜ばれます。ブログの読者層と多少ズレていても、無料情報は受け入れられるでしょう。

節約記事は収益化しやすい

節約関連の記事は様々なジャンルを扱えます。お得な商品やサービスをアフィリエイトで紹介すると、収益化しやすいです。セール情報は売れやすいのでお勧めです。クレジットカードはポイントや保険サービスなどの付帯サービスが節約になるため、紹介しやすいです。しかも一件あたりの報酬は数百円〜数千円と高額で、高収益が見込めます。

Section 03-21 まとめ記事はアクセスが集まる

「iPhone初心者にお勧めのアプリ15選」のようなまとめ記事は、人気があります。バズりやすいので、ぜひチャレンジしてみましょう。ただし、頻繁にポストし過ぎると、ブログの本来に趣旨から外れてしまい、ブログの個性がボケてしまうので注意が必要です。

お得感があるまとめ記事

まとめ記事とは、特定のテーマについて有益な情報をリストアップして、簡単な紹介文をつけて紹介する記事です。読者は色々なページを読まなくても、効率的に情報収集できるため、人気があります。

まとめ記事は多くの情報を一度に保存できるため、はてなでブックマークされやすく、ネット上で拡散されやすいです。ブログを始めた直後はアクセス数が少ないです。まとめ記事でバズを発生させて、ブログの存在を広めることは有効な手段です。

ジャンルは問わない

自分が得意な分野のまとめ記事を書くと良いでしょう。「WordPress初心者にお勧めのプラグイン10選」といった技術系や、「新社会人が読んでおきたいビジネス書まとめ」のような書籍リスト、「静岡県に来たら絶対に食べたいご当地グルメ7店」のように、グルメや地元ネタはニーズがあります。

「2016年に買ってよかった商品リスト」「2016年に読んだ本でお勧めランキング」のような期間を限定したまとめも、アクセスが集まりやすいです。得意な分野をまとめるだけでなく、興味があって調べたことをまとめ記事にしても良いでしょう。得意分野でなくても興味があれば書けてしまうところは、まとめ記事の利点です。

> **MEMO**
>
> **わかったブログで人気のまとめ記事**
> ヒゲのお手入れ方法まとめ
> http://www.wakatta-blog.com/post_796.html
> WordPressのお勧めキャッシュプラグインはこれだ！2016年版
> http://www.wakatta-blog.com/wordpress-cache-plugin-2016.html

自ブログの記事を入れよう

まとめには、自ブログの記事を積極的に入れましょう。アクセスを自ブログにも送り込むのです。特定のジャンルの記事を多くポストしていれば、「初心者でもフルマラソンを完走できる練習方法まとめ」「静岡駅前で必ず寄りたい魚の美味しいお店レビューまとめ」といった、自ブログの記事だけをまとめた記事が効果的です。上手くバズが発生すれば、多くの読者がブログ内の複数の記事を読んでくれます。気に入ってくれて、定期的に読みにきてくれる可能性が高まります。

まとめ記事の書き過ぎに注意

まとめ記事は人気があるので、連続ポストしたくなります。しかし、まとめ記事が多すぎると、まとめ記事のブログと認識されてしまい、ブログ本来の個性が見えにくくなってしまいます。

バズを畳みかけたい時は、まとめ記事を連続投稿して勝負をかけることもありますが、書き過ぎは禁物です。バランスをとって投稿しましょう。

> **MEMO**
>
> **togetterを利用する**
>
> まとめ記事を作れるサイトは、現在はtogetterが有名です。多くの記事がバズって読者が集まってきます。Twitterのつぶやきをまとめるサービスですが、ブログ記事などのウェブページをまとめることも可能です。
>
> 気になるテーマを設定して、関連するツイートやウェブページをまとめてみましょう。テーマに沿った自分のブログ記事も入れて、価値のあるまとめになれば多くの人が読んでくれて、ブログ記事も読んでくれるでしょう。

togetter
https://togetter.com

筆者が作ったまとめ記事。本書のポップを配りに全国行脚したときのツイートをまとめました。ブログ記事も紹介しています。
https://togetter.com/li/1051827

Section 03-22 記事がかけない時は4行日記フォーマット

ブログを更新しようと思っても、書くことがない方は多いでしょう。一方で、毎日ブログを更新している人もいます。両者の違いは、日々の生活からネタを絞り出せる力があるかどうかです。4行フォーマットを利用して、ブログ記事を絞り出しましょう。

日々の気付きから教訓をひねり出す

ブログで記事にする以上、読者にとって有益な内容である必要があります。普通の人が書いた「朝起きてランチして夜はゲームした休日でした」のような日記を、好んで読む人はいません。普通の生活の中でも、気づきはあるものです。力づくで教訓に仕立てあげてみましょう。読者にとって有益な記事になります。

教訓なんてないと思うかもしれません。難しい教訓を考える必要はないです。世の中の教訓は、シンプルで数は少ないです。

- 感謝の気持ちを大切にしよう
- 行動しよう
- 続けてみよう
- 好きなことを頑張ろう

などです。それでも、世の中には無数の文章やエッセイが存在します。エピソードを変えれば、いくらでも文章は書けるのです。

日々の生活で、嬉しかったこと、上手くいったこと、失敗したことなど、心が動いたできごとに、ブログネタはあります。

フォーマットを恐れない

ライフハックブログ「シゴタノ」の管理人である、大橋悦夫さんの著書、「手帳ブログ」のススメで紹介されている、四行日記のフォーマットが秀逸です。

文字通り、日記を4行で書くものです。たった4行だけ？　と思うかもしれません。各々の行で書く内容が決まっているところがポイントです。

- **1行目 【事実】**
  その日にあったことや自分がやったことを書く

- **2行目 【気づき】**
  その事実を通して気づいたことを書く（反省する）

- **3行目 【教訓】**
  その気づきから導き出されたことを教訓としてまとめる（次の行動の目標を作る）

- **4行目 【宣言】**
  その教訓を活かして、できている自分の姿を描く（イメージを描く）

　このフォーマットを利用すれば、毎日何かしらの記事を書けるでしょう。具体的な事例から得られた教訓は、読みものとして面白いです。

　フォーマットに頼って記事を書くと、同じようなリズムの記事しか書けなくなりそうと思う方がいるかもしれませんが、心配は無用です。世の中で人気のある物語は、ある共通のフォーマットに沿って書かれていることが多いです。「神話の法則（ストーリーアーツ＆サイエンス研究所）」によれば、スター・ウォーズ、タイタニック、ライオンキングは、同じ法則で説明できるそうです。具体的な文章になってしまえばフォーマットの存在は読者にはわかりません。フォーマットは同じでも良いのです。積極的に活用しましょう。

　人は、自由な状態よりも多少の制限があったほうが、創造力を発揮できると言われています。ソニーは家電の小型化にこだわることで、新しい技術を生み出していきました。フォーマットを利用して文章に制限を与えることで、ゼロから文章を書くよりも、クリエイティブな仕事に集中できます。

独自の文体をつくる

　多くの文書を書いていくうちに、文章作成に慣れてきます。すると、得意な論法や、好きな言い回しが出てきます。それらが、書き手の個性となっていきます。文章の個性は、ブログの差別化につながります。

　とにかく多くの文章を書くことです。書いた分だけ、文章力は磨かれていきます。日々の経験の中から、ネタをひねり出して、文章を書く回数を増やしましょう。

Section 03-23 ネタ集めの秘訣と整理方法

ブログはネタがなければ書けません。ネタの収集は重要な作業です。しかし、「これはネタになる！」と思っても、メモをしておかないと、すぐに忘れてしまいます。せっかく手に入れたネタは、確実にメモしておきましょう。

ブログネタになりそうなものは「とにかく写真に撮っておく」

時間がなくてメモすら難しい時は、メモ代わりに写真を一枚撮っておきましょう。後で写真を見返せば、大体のことは思い出せます。メモ写真はそのままキャッチ画像に使えます。気になったことは、スマートフォンで写真に撮っておく習慣をつけましょう。

スマートフォン+Evernoteがオススメ！

ネタをメモするツールとしてお勧めなのが、スマートフォン＋Evernoteアプリの組み合わせです。Evernote公式アプリでも良いですが、非公式Evernoteアプリの「PostEver」が使いやすくてお勧めです。文字入力が苦手な方は、スマートフォンの音声入力を使うと良いでしょう。多少変換がおかしくても、あとで意味がわかれば良いです。メモと割りきりましょう。EvetnoteはPCと同期できます。出先でメモった内容を自宅のPCで読み返せば、記事のイメージがわいてくるはずです。

はてなブックマーク

気になった記事をはてなブックマークしておけば、後で簡単に読み直せます。連携設定して、Evernoteに送ることも可能です。Twitterと連携して、ブックマークした記事をツイートするようにしておけば、情報発信ができます（153ページ参照）。良い情報はどんどんシェアしましょう。記事の書き手が喜んでくれます。

メモは一箇所にまとめておく

紙のメモや、ノート、手帳など、メモをする先が複数あると、どこにメモったのか、わからなくなります。メモする先はなるべく少なくしたほうが良いです。Evernoteへメモを集約すると良いでしょう。Evernoteの検索機能は優秀です。画像内の文字もOCRで読み込んでくれて、キーワード検索できます。

ブログへの集客

ブログを運営するからには、できるだけ多くの人に読んでもらえたほうがモチベーションが上がります。インターネット上の集客の主役である、ソーシャルメディアと検索エンジンを上手く利用しましょう。特にソーシャルメディアは、ブログとの相性が良いです。ソーシャルメディア上でバズると、多くの人にブログ記事を読んでもらえます。たくさんの人にフォローしてもらって、リピーターを増やしましょう。

Section 04-01 マーケティング的ブログ集客戦略

集客はマーケティングの得意技です。マーケティングで有名なAISASの法則は、サーチとシェアを上手く利用するとブログに多くの読者を集められることを示唆しています。本書では特にソーシャルメディアを活用した集客を重要視します。

AIDMAからAISASへ

「AIDMAの法則」は、消費者の購買決定プロセスを分かりやすく説明した有名なモデルです。マーケティング担当者は、お客さんがどの位置にいるかを見極めることで、効果的な施策を検討できます。

最近はインターネットの普及により、消費者の購買決定プロセスが変わってきました。そこで、「AISASの法則」が登場しました。

人々は検索エンジン（サーチ）で、商品に関する情報を徹底的に調べてから、購入を

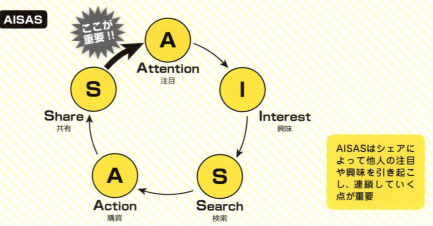

AISASはシェアによって他人の注目や興味を引き起こし、連鎖していく点が重要

決定します。そして、商品の満足度が高いと、ソーシャルメディアを通じて、商品の良さを知人に口コミ（シェア）するようになったのです。ブログを「自分を商品として売り込むこと」と考えれば、AISASのモデルをそのままブログに活用できます。サーチとシェアを駆使して、ブログに集客するのです。

「サーチ（検索）」は激戦区

　ブログへの集客にお金をかけることは、現実的ではありません。検索エンジンからなら、無料で集客が可能です。

　しかし、検索エンジンのランキング上位表示は、個人だけでなく、企業のブログやサイトも目指していて、競争が激しいです。集客できて効果が高いのですから、当然です。

　仮に検索ランキング上位表示に成功したとしても、上位は永久には続きません。あなたが上位表示できたのは、他の記事の順位が下がったからです。ライバルも努力しています。検索エンジンのアルゴリズムは日々進化しています。順位が再び入れ替わることはよくあります。

「シェア」を活用せよ

　サーチが激戦の中、注目したいのは「シェア」です。特にソーシャルメディアによる口コミ拡散は「バズ（Buzz）」と呼ばれ、短時間で多くの読者を集められます。

　ブログとソーシャルメディアは相性が良く、面白いブログ記事はソーシャルメディアで拡散されやすいです。ソーシャルメディアには、「フォロー」の機能があります。読者にフォローしてもらえると、ブログ記事をポストするたびに読者に更新情報を届けられます。

お得意さんこそ宝

　マーケティングの目的は「お得意さん＝リピーター」を増やすことといっても過言ではありません。例えば、5,000円の商品を毎年購入してくれるお得意さんが1,000人いれば、年間500万円の売り上げを見込めます。お得意さんは、知人に口コミをしてくれます。

　ブログも同じです。ソーシャルメディアでフォローしてもらえることは、ブログのお得意さんを増やすことと同じことです。ブログを毎回読んでくれるお得意さんが1,000人いれば、1,000PVを確実に集められます。

　お客さんが欲しいものを常に考え、お得意さんを増やしていく「マーケティング脳」を鍛えて、ブログの集客につなげましょう。

Section 04-02 集客をリピーター増加につなげる

ブログへのアクセスには主に5つのルートがあります。一人でも多くの人にリピーターになってもらうことがブログの安定した集客につながります。

ブログ集客への5つのルート

ブログの集客方法は、次の5つのルートを意識します。

ブログ集客ルート①　ソーシャルメディア
ブログ集客ルート②　検索エンジン
ブログ集客ルート③　お気に入り、ブックマーク
ブログ集客ルート④　RSSリーダー
ブログ集客ルート⑤　他サイトからのリンク

集客といえば検索エンジンからの集客を思い浮かべる人が多いかもしれません。本書では、ソーシャルメディアからのアクセスを大切に考えます。なぜなら、ソーシャルメディアは他の集客ルートの起点になるからです。各集客ルートについておさらいしておきましょう。

> **MEMO**
> **集客にネット広告を使う**
> 広告費を払うことで、検索エンジンやソーシャルメディアで自ブログをアピールできます。お金さえあれば誰でも出稿できます。本著では取り扱いません。

ブログへの集客ルート　その①　ソーシャルメディアからの流入

TwitterやFacebookといったソーシャルメディアからブログへ読者を送る方法です。ソーシャルメディアのフォロアーが増えると、多くの人にメッセージや、ブログの更新情報を発信できます。ブログ記事を紹介したコメントがバズると、ブログに多くの読者を集められます。多くの人に届けば、ブログをリンクしてもらえたり、お気に入りに入れてもらえる可能性があります。他の集客ルートを開拓しやすく、集客の起点となります。本書ではメインの集客方法と位置づけています。

フォロアーが多いほど、バズる可能性が高くなります。ただし、多ければ良いわけで

はありません。フォロアー数が少なくても、影響力のある人にシェアされるとバズりやすいです。誰にフォローしてもらえるかが重要です。

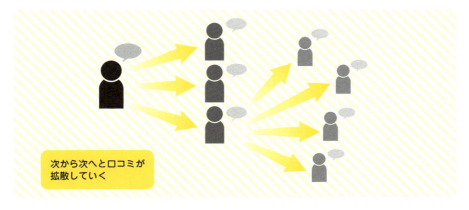

次から次へと口コミが拡散していく

ブログへの集客ルート その② 検索エンジンからのアクセス

　国内の検索エンジンといえば、Google、Yahoo!、Bingが有名です。Yahoo!検索の中身はGoogleなので、実質的にはGoogleのシェアが9割以上です。ユーザーがキーワード検索したとき、上位表示されているページほど閲覧されやすいです。多くのブロガーは、自分の記事を上位表示させて集客します。しかし、検索順位は相対評価です。仮に現在1位でも、他に有力な記事が登場すれば、順位が入れ替わってしまいます。

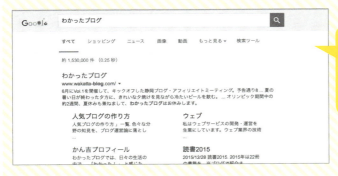

検索エンジンからの流入はブログを支えてくれます。ただし、検索順位は流動的なので、頼り過ぎるのは禁物です

ブログへの集客ルート その③ お気に入り、ブックマークからのアクセス

　ブラウザにあるお気に入り機能（ブックマーク）に登録してもらい、ブログにアクセスしてもらう方法です。お気に入りに登録してもらえると、日常的に読んでもらえる可能性が高くなります。繰り返し読みたいと思ってもらえないと登録してくれないため、

難易度は高いです。自分がお気に入りに登録しているページを思い出してみてください。よく利用するツールやサービスであったり、お得な情報が更新されているブログを登録しているはずです。読者に継続的に利益を与えられるブログを目指しましょう。

毎日見たくなるようなブログだけがお気に入りに登録される

ブログへの集客ルート その④ RSSリーダーからのアクセス

RSSリーダーは、登録したブログの最新記事を時間順にリスト化してくれるサービスです。効率的に情報収集できるため、根強いファンが多いです。RSSリーダーはFeedlyが有名です。ブログをカテゴリーに分けて管理できるため、見落としが少ないです。RSSリーダーに登録してもらえると、読まれる可能性が高くなり、アクセスアップが期待できます。ブログを運用する際は、必ずRSSフィードを流し、Feedlyへの登録を促しましょう。

iOS・Androidアプリ Feedly
■販売元：DevHD Inc ■無料

Feedlyはスマホでも閲覧しやすく、人気のRSSリーダーです

ブログへの集客ルート その⑤ 他サイトのリンクからのアクセス

他のブログで紹介されると、リンクをたどって読者が読みにきてくれます。人気記事で紹介されると、多くの流入があります。他のブログで紹介されるのは嬉しいことです。

記事の質が低いと、紹介されることはありません。正確な情報だけでなく、意見や主張があると、賛成してくれる人がブログで紹介してくれます。

他のサイトからのリンクを「被リンク」と言います。被リンクは検索エンジンのランキングを計算する指標の一つです。被リンクが多いページ（多く紹介されているページ）が良いコンテンツであると、検索エンジンは評価します。

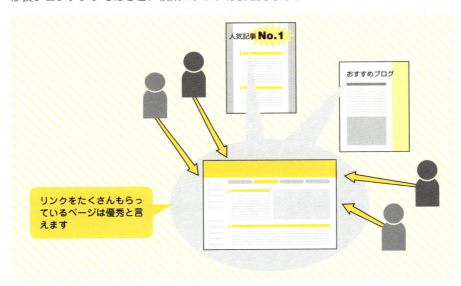

検索エンジン対策だけにこだわるのは止めよう

多くのブログ指南本では、SEO（検索エンジン最適化）による集客を重視します。検索エンジンからの集客は大切です。決して間違ってはいません。しかし、本著では、ソーシャルメディアやブラウザのお気に入り、RSSリーダーでフォローしてもらうことを重視します。

集客力のあるキーワードで上位にくると、多くのアクセスが集まります。検索ランキング1位に表示されると、天下を取ったような気分になり、「自分のブログは安泰だ」と考えがちです。しかし、実際は検索順位は水ものです。検索アルゴリズム（検索順位の計算手順のこと）が変更になったり、ライバルブログが台頭してくると、一晩で順位が下がってしまうことはよくあります。上位表示がずっと続く保証はどこにもありません。集客を検索エンジンに頼り過ぎると、ブログのアクセス数がGoogleのさじ加減1つで大きく変動してしまうのです。検索エンジン対策だけにこだわらず、他のルートからの集客を意識しましょう。

リピーターこそ力！

本書では、SEOよりも、繰り返し読みにきてくれる「リピーター」を増やすことを重視します。アルゴリズムやライバルの出現によって順位が大きく変動する検索エンジンよりも、リピーターが増えてくれた方が集客が安定するという、マーケティングの知見を応用するのです。1日一人でもリピーターになってくれれば、一年で365人のファンが増えます。一人でも多くリピーターになってもらうことが、ブログを支える力となるのです。リピーターを増やすために重視するのは以下の3つの集客ルートです。

■ リピーターを増やすための集客方法

| ソーシャルメディア | お気に入り、ブックマーク | RSSリーダー |

使えるものは使おう

投資の世界に、「1つのかごにたまごを盛るな」という格言がありますが、ブログ集客にも同じことが言えます。1つの集客手法に頼るのは危険です。

インターネットの世界は日々変化しています。ひと昔前は、検索エンジンからの集客がメインでした。次第にRSSリーダーやソーシャルメディアが普及し、最近はPCからよりも、スマートフォンを使ってインターネットを利用する人口が増えています。ブラウザからだけでなく、アプリからの集客の試みも始まっています。ここ5年くらいを見渡しても、集客の手法は確実に増えてきています。食わず嫌いをせず、ブログに集客するためなら、何でも取り入れていきましょう。

たまごは複数のかごに分けておけば、全部が割れることはない！ アクセスも同じです

Section 04-03 ブログとソーシャルメディアは補完関係にある

ブログは終わった的な論調を定期的にみかけます。確かにブログ単体では大きな影響力を発揮するのは難しくなっています。しかし、ソーシャルメディアとタッグを組んで、お互いの弱点を補うことで、最強の情報発信ツールとして生まれ変わりました。

ブログの致命的な欠点

　ブログは、ホームページ制作の技術がなくても、記事を書くだけで自動的にページが生成される便利なツールです。新しい記事は、トップページやサイドバーの新着欄に自動的に掲載され、リンクを設置してくれます。ひと昔前までは、手動で記事へのリンクをしていたことを考えると、ネットでの情報発信は劇的に手軽になっています。しかし、記事の執筆が簡単になっても、ただ書くだけでは誰もブログを読んでくれません。ブログ自身には、集客する手段がないのです。ブログの致命的な欠点です。

　無料ブログサービスは、ブログサービスのトップページで新着記事が紹介されたり、同じブログサービス内の他のブログとの間でリンクするので、多少のアクセスは期待できます。とはいえ、ブログを支えるには少ないです。WordPressなどのインストール型のブログサービスは、後ろ盾は何もありません。自力でアクセスを集める必要があります。

　ブログには、トラックバックとコメントの機能があります。本来はこれらが外部からアクセスを呼び込むはずでした。ところが、無差別なトラックバックやコメントにより、スパムの巣窟になってしまい、まともに機能していません。

　よって、ブログの集客は、長らく検索エンジン主体の時代が続きました。知り合い同士で相互リンク（今はスパム扱いです）をして、あとは地道に記事を更新。テーマを絞った方が検索エンジン上位に上がりやすいため、ブログをジャンルごとに分割したりしました。

最初は誰もいない無人島でお店を開くようなもの

ブログとソーシャルメディアの奇跡の出会い

　TwitterやFacebookといったソーシャルメディアの登場により「ブログは終わった」説が世間に流れ始めました。「ネット上のコンテンツの多くが、Facebook上に移動する」と言っていた経済評論家がいました。Facebookがネット上のプラットフォームになると予測したのです。

　実際には予想通りにはなりませんでした。ソーシャルメディアは文字数に制限があったり、デザインの自由度が低くて、表現力に乏しかったのです。しっかりとした情報発信には向きませんでした。

　一方でソーシャルメディアの気軽さは、圧倒的な拡散力を生みました。ソーシャルメディアのタイムラインは、スマートフォンだと簡単にタップ＆スライドでスクロールして読めます。リツイートやシェアといった機能は、興味を持ったコメントを、ボタン一つで簡単に知人に伝えることができます。外出先でもどこでも気軽に情報をチェック、シェアできるようになったのです。

　そして、ソーシャルメディアユーザーは気がついてしまったのです。自分でいちから情報発信するよりも、ネット上にある面白いブログ記事をシェアしたほうが楽だし面白いことを。ブログは記事を人々に届ける能力が弱いかわりに、デザインの自由度が広く、表現豊かに情報を発信できました。ソーシャルメディアとお互いの弱点を補い合うことで、ブログは息を吹き返しました。ブログはソーシャルメディアを通して、記事を広められるようになったのです。

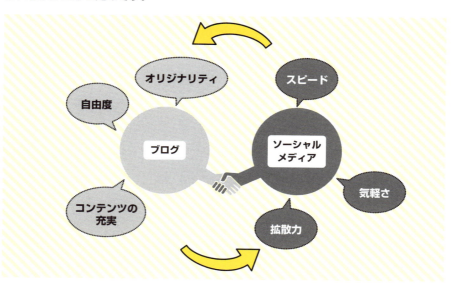

ブログ×ソーシャルで真価を発揮

　ソーシャルメディアでバズると、多くのニュースサイトや、ブログで紹介されるようになります。ブロガーが喉から手が出るくらい欲しかったナチュラルリンクが、大量に手に入るのです。ナチュラルリンクは、検索エンジンのランキングを決める重要な要素の1つです。

　他人のブログからリンクをもらえるなんて、奇跡のようなものです。ソーシャルメディアでバズることが、間接的に検索エンジン対策になるのです。ブログは、ソーシャルメディアとタッグを組むことで真価を発揮できることを、強く意識しておきましょう。

個人のひと言がネット中を駆け巡る

　「六次の隔たり」という言葉はご存知でしょうか？　世界中のどんな人へも、6人以内の知人のつながりでたどり着ける学術的な調査結果があります。自分のツイートを読んだ知人がリツイートして、その知人がまたシェアして……。と続けば、とんでもない数の人のもとに、自分の言葉が届く可能性が、ソーシャルメディアによって生まれました。Twitterでひと言発してベッドへ。朝起きたら思いっきりバズっていて、タイムラインがすごいことになっていたことがあります（筆者は経験済）。個人のなにげない発言が、多くの人に届き、心を突き動かす力になる。ひと昔まえでは考えられなかったことが、現実に起きているのです。

大手に対抗できる唯一の手段

　最近は大手企業が自らメディア（オウンドメディア）を立ちあげて、情報発信を始めています。プロのライターが書いた良質な記事を大量に投入しています。個人ブロガーにとっては脅威です。しかし、大手メディアはエッジが効いたコメントがしづらいため、ソーシャルメディアを十分に活用できていません。ソーシャルメディアなら、個人でも勝てるチャンスは十分あります。ソーシャルメディアでバズって、多くのサイトで紹介されれば、多くの被リンクを獲得して、検索ランキング上位が期待できます。

Section 04-04 Facebookページを準備しよう

Facebookは、個人アカウントとは別のFacebookページを用意しましょう。Facebookページであれば、実名を伏せて誰とでもオープンに交流ができます。フォロアー数の上限もありません。

Facebookページとは

　Facebookのアカウントは、友だち人数の上限が5,000人に制限されています。ブログと連携して利用するときは、友だち人数の上限が足かせになってしまいます。

　Facebookは原則的に実名制のソーシャルメディアです。実名は伏せてハンドルネームやペンネームでブログ活動をする人にとっては、Facebookアカウントで本名を公開するのに抵抗があるでしょう。

　そこで役立つのがFacebookページです。個人アカウントとは別のページをFacebook上に作れます。Facebookページでも、個人アカウントと同じように情報発信や交流が可能です。個人アカウントでは友だちになるために双方の同意が必要なのに対し、FacebookページはTwitterと同じように、気になるアカウントを一方的にフォローする形です。フォロアー数の上限はありません。多くの人にフォローしてもらえれば、Facebook上での口コミ拡散が期待できます。

多くの人と交流するには、Facebookページを利用しましょう。人数に上限がなく、個人アカウントと同じように交流できます。

FacebookページとFacebookのアカウントの関係

　Facebookページを作るにはFacebookの個人アカウントが必要です。Facebookページは複数作ることができます。設定すれば、Facebookページから個人アカウントを知られることはありません。

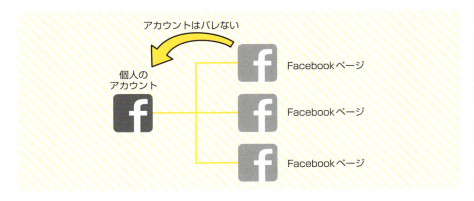

Facebookページを作る

　個人のFacebookアカウントでFacebookにログインして、指示通りに情報を入力します。どの項目も後で編集が可能です。プロフィール写真など準備ができていなかったら、スキップしてしまっても良いでしょう。

1 Facebookにログインし、左サイドバーの「Facebookページを作成」をクリックする。

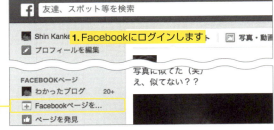

2 Facebookページのカテゴリーを選択する。属性などは後で変更できる。ここでは、「ブランドまたは製品」をクリックする。

3 カテゴリ選択のプルダウンメニューが表示される。ここから「ウェブサイト」を選択する。

4 「ブランド名または製品名」に、ブログ名を入力して、「スタート」をクリックする。

5 基本データ、プロフィール写真、ページの優先ターゲットを、画面の指示にしたがって設定する。後からでも設定できるので、スキップしても問題ない。ページの優先ターゲット欄の右下の「保存する」をクリックすると、Facebookページができあがる。

Facebookページの基本データは後から編集できる

　Facebookページの名前は後から自由に何度も変更できます。メニューバーの「基本データ」から編集します。ページURLは、フォロアーが25人以上になると編集できるようになります。URLは一度しか変更ができませんので注意が必要です。URLを気にする人はほとんどいないので、後から変更することは少ないでしょう。スペルミスだけは、恥ずかしいので十分気をつけてください。

ブログのFacebookページから、ブロガーのFacebookページに

　Facebookページは、主にブログ更新の告知用として利用します。複数のブログを運営している場合や他の活動の告知をしたい場合は、活動ごとにFacebookページを作ってしまうと、更新が分散されて効率が悪くなります。

　ブログの更新告知用として作ったFacebookページを「ブロガーの活動紹介のためのFacebookページ」にリニューアルしても良いでしょう。Facebookページの名前は自由に変えられます。その都度変更すれば良いのです。ソーシャルメディアは複数のアカウントを作ると、運営パワーが分散されてしまいます。アカウントは1つにして、ブログではなくブロガー自身と紐付けておいた方が、柔軟に対応できます。

Facebookページのカテゴリは、後で変更可能です。
カテゴリ「個人ブログ」から、「ブロガー」本人に変更してもOK！

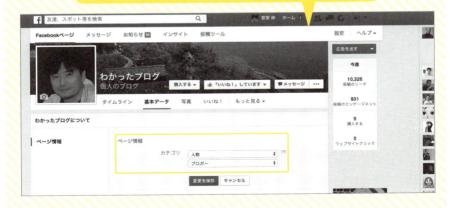

Section 04-05 Twitter/はてなブックマークなどの準備

Twitter、はてなブックマークも、Facebookページと同様、ブログと連携すると効果が高いソーシャルメディアです。アカウントを持っていない人は必ず作成しましょう。新しいソーシャルメディアには、必ず登録しておきましょう。

Twitter（ツイッター）アカウントを作成する

Twitterの大きな特徴は、投稿できる文字数が140字以内と制限されていることです。投稿文字数が少ないことが、気軽な投稿を促す結果となりました。匿名で利用できることも相まって、利用者数が増え、代表的なSNSとなりました。大きなバズが発生しやすいです。

■Twitterのプロフィール欄とアカウント名を考える

IDは基本的に変更せず、ずっと使い続けるものです。なぜなら、TwitterアカウントページのURLはIDで決まるからです。

名前は変更しても問題ありません。名前に近況やお知らせを入れるユーザーもいます。プロフィールは必ず書き込みましょう。あなたを良く知ってもらえます。

著者のツイッターアカウントのプロフィールは、字数制限ギリギリまでしっかり書き込んでいます。定期的に書きなおしています。

はてなブックマークのアカウントを作成する

　はてなブックマーク（はてブ）は、気になった記事をコメント付きでブックマークできるサービスです。一定数のブックマークがつくと、「ホッテントリ（ホットエントリー）」という人気記事リスト上に紹介されます。ホッテントリで紹介されると、多くの人の目にとまり、ツイートやいいね、シェアが増えます。すると、さらにブックマーク数が増えてランキング上位となり、いわゆる「はてブトルネード」が発生します。はてなブックマークは、バズの起点となることが多いです。積極的に利用することをお勧めします。

新しいソーシャルメディアに飛びつこう

　新しいソーシャルメディアは次々と誕生しています。新しいソーシャルメディアを見つけたら、まずは登録してみることをお勧めします。ソーシャルメディアはスタート直後から始めた人の方が、フォロアーが増える傾向にあるからです。新しいソーシャルメディアを使ってみて、新しいソーシャルメディアのレビューをブログにポストしておきましょう。ソーシャルメディアの利用者数が増えた時に、多くの人が読んでくれます。新しいものの成長に乗ることで、先駆者になれるのです。

■ LINE

日本国内で圧倒的な人気を誇るソーシャルメディア。LINE@というビジネス用途のアカウントを使って、ユーザーと交流をすることが可能。ブログ集客への利用に使える可能性があります。

■ Youtube

チャンネルをフォローできるので、動画ソーシャルメディア的な利用ができます。Youtubeは世界で2番目に利用されている検索エンジンで、動画をうまくシェアして、ブログへ集客することが可能です。

■ Tumblr（タンブラー）

リブログが特徴的なソーシャルメディアです。リブログとはTwitterのリツイートと似ている機能で、投稿元の情報が表示されます。投稿が誰を経由してリブログされてきたのかわかるようになっています。

■ Google+（2019年4月2日にサービス終了）

Googleが運営するソーシャルメディア。文字数制限なし、フォロー自由と、TwitterとFacebookのいいとこ取りをしたようなしくみを持っています。

■ Instagram（インスタグラム）

写真のシェアに特化したソーシャルメディア。多くのフィルターで写真をおしゃれに編集できるため、若い女性に圧倒的に支持されています。ただし、書き込みにURLを設置できないため、直接ブログへ集客する用途には不向きです。

Section 04-06 ソーシャルボタンを設置しよう

ブログとソーシャルメディアを連携させるために、ソーシャルボタンは必ず設置しましょう。ただし、シェア数を表示するタイプのものは要注意です。

手軽にシェアできる「ソーシャルボタン」を設置しよう

　ブログとソーシャルメディアの連携の基本は、ソーシャルボタンです。読者がブログ記事を読んで、「面白いな」と感じてくれた場合、ソーシャルボタンをクリックすることで、簡単に記事をシェアしたり、フォローできます。ソーシャルボタンがないと、面倒になってスルーされてしまうことがあります。必ず設置しておきましょう。

シェアボタンとフォローボタンを設置する

　ソーシャルボタンには2種類あります。1つはシェアボタンです。ブログ記事にあるシェアボタンをクリックすると、読者は自分のフォロアーに記事を紹介することができます。もう一つはフォローボタンです。フォローしてもらえると、ブログ更新やコメントを、読者のソーシャルメディアのタイムラインに送り込めます。

シェアボタン　　　フォローボタン

わかったブログでは、上にシェアボタン(各ソーシャルメディアが提供するボタン)、下側にフォローボタン(テーマのオリジナル)を設置しています

最初はカウンターが表示されていないタイプのボタンにする

　ソーシャルボタンには、カウンターをつけられます。たとえばFacebookの「いいね」ボタンは、過去のいいね数を表示できます。記事の反響を数値化できるので、にぎわっているブログであれば反響の大きさをアピールできます。しかし、いいねやはてなブックマークのカウント数が、どの記事もゼロだったらどうでしょうか？ 読者がほとんどいないブログだと思われてしまいます。お客さんのいないお店には入りにくいと感じることと同じです。最初はカウンターを表示しないボタンをお勧めします。読者が少ないことが事実であっても、自分からアピールする必要はありません。カウンターの数が増えるようになるまでは、我慢しましょう。

WP Social Bookmarking Lightを利用する

　WordPressにソーシャルボタンを設置するなら、WP Social Bookmarking Lightプラグインを利用すると簡単に作業ができます。

1 WordPress管理画面の左サイドから、「プラグイン」をクリック。上部の「新規追加」をクリック。

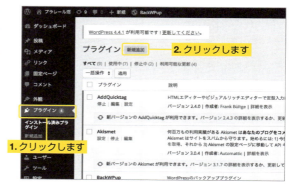

2 右上の検索フォームに「WP Social Bookmarking Light」を入力。

3 「WP Social Bookmarking Light」にある「いますぐインストール」をクリック。

4 「プラグイン有効化」をクリックすると、使用可能状態になる。

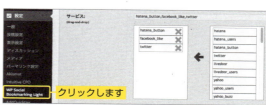

5 左メニューの「設定」＞「WP Social Bookmarking Light」をクリックし、WP Social Bookmarking Lightの設定画面を開く。

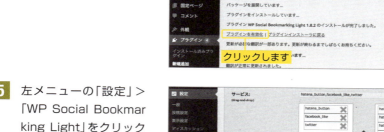

ソーシャルボタンを設置しよう　Section ▶04-06

6 「位置:」で、ソーシャルボタンの表示位置を選択する。Top（記事上）、Bottom（記事下）、Both（両方）、None（表示なし）から選択可能。
「個別記事のみ:」をNoにすると、トップページやカテゴリの記事リストに表示できる。
「ページ:」から固定ページに表示するかどうかを設定する。
「サービス:」から、表示するソーシャルボタンの種類と順序を設定する。右側から表示したいボタンを左側へマウスでドラッグ＆ドロップして設定する。順序もドラッグ＆ドロップで設定し、終わったら画面下部にある「変更を保存」をクリックする。

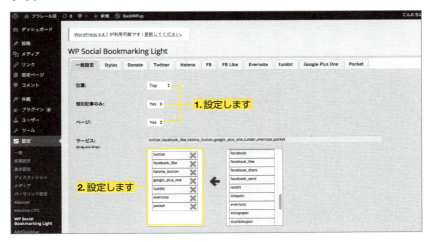

7 各ソーシャルボタンの設定は、上部のタグをクリックして個別に行う。例えばTwitterはVia:（アカウントid）とSize:（ソーシャルボタンのサイズ）を設定しておく。他のボタンも同様に設定可能。こちらも、設定が終わったら、下の「変更を保存」をクリック。

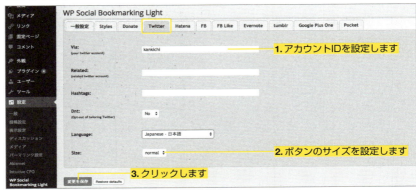

115

8 デザインの微調整は、「Styles」タブから行う。

Twitterボタンとgoogle+ボタンの右側が広く開きすぎると思ったので、「Custom CSS:」を編集します。Twitterボタンの横幅を

```
.wsbl_twitter{
    width: 80px;
}
```

※Google+は、2019年4月2日にサービスが終了しています

と、80pxに変更。

新しくGoogle+ボタンのサイズを決めるため、

```
.wsbl_google_plus_one{
    width: 70px;
}
```

を書き加える。上下との距離を調節したい場合は、

```
.wp_social_bookmarking_light{
    border: 0 !important;
    padding: 10px 0 20px 0 !important;
    margin: 0 !important;
}
```

のpaddingやmarginの値を調整する。設定が完了したら、画面下部の「変更を保存」をクリックして完了。

9 記事の上下に表示させたときの表示例。

表示は「個別記事のみ」がお勧め。カテゴリやトップページは複数表示されるため、表示時間が遅くなる。

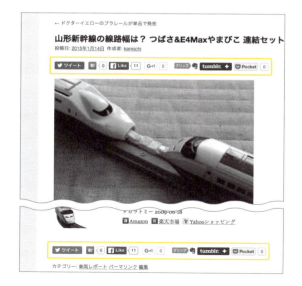

忍者おまとめボタンを利用する

「忍者おまとめボタン」を使うと、タグを1つ設置するだけで、ソーシャルボタンをきれいに並べられます。無料ブログでも利用できます。

1 忍者おまとめボタンのページ（http://www.ninja.co.jp/omatome/）を開き、ボタンのデザインを選択後、「自分でSNSボタンを選んで作成」ボタンをクリック。忍者ツールズの会員登録がされてなければ、登録する。

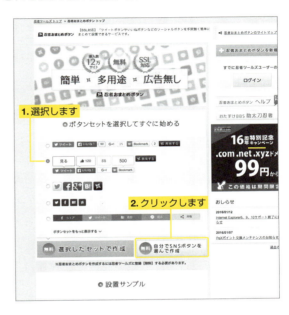

2 「設置するWebサイトを選んでください。」と表示されるので、利用しているブログサービスを選択する。

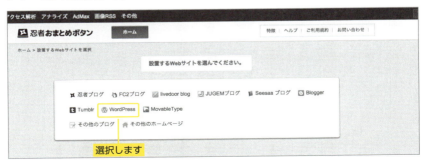

3. ボタン名を入力して、好みのSNSボタンを選択する。Twitter、Facebook、Twitter、はてなブックマーク、LINE、Feedly、Tumblrあたりがお勧めです。

4. 選び終わったら「プレビュー&コードを取得する」をクリック。

5. 縦横や順番を決めて、スプリクトコードをコピーする。

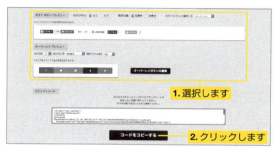

6. 手順5でコピーしたコードを、ブログサービス管理画面の所定のフォーム（サービス毎に異なる）にコピペする。記事下への表示がお勧め。

Section ▶ 04-07

Section 04-07 OGPタグを設置しよう

FacebookとTwitterのOGPタグは、必ず設置しましょう。OGPタグを設置することで、ソーシャルメディア上でブログ記事が目にとまりやすくなります。集客に大きな違いが出てきます。

OGPタグの効果

OGPタグを設置すると、タイトルやキャッチ画像、概要文といったウェブページの詳しい情報を、ソーシャルメディア上で分かりやすく効果的に伝えられるようになります。

OGPタグを設置しないと…

キャッチ画像が入らなかったり、概要文が表示されない。気の抜けたデザインになってしまう

OGPタグを設置すると…

キャッチ画像と概要文がカード型のデザインできれいに表示される。読者の興味を引きやすい

Facebookでは「いいね」されるだけで、いいねしてくれた人の友だちのタイムラインで、ブログ記事が紹介されるようになります。Twitterでは、Twitterカードという画像つきのビジュアルな表示でシェアされます。

OGPタグの設置

多くの無料ブログサービスでは、OGPタグが自動的に設定されています。

WordPressでは、使っているテーマがOGPタグに対応していないと、自力でOGPタグを設置する必要があります。

便利な専用のプラグインがあるのかと思いきや、SEO総合プラグインの機能の一部でしか、まともに使えるものがありませんでした。SEO総合プラグインは、他のプラグインやテーマの機能と重複することが多いので、十分注意して利用する必要があります。

WordPressでOGPタグを設置するなら、対応しているテーマを利用するのが確実です。対応していなければ、自分で設置しましょう。方法を以下に示します。

■ WordPressへのOGPタグの設置　テーマをカスタマイズする

TwitterがOGPタグの情報を利用して記事を表示するには、事前に準備が必要です。
※コードはhttp://www.wakatta-blog.com/wp-ogp-myself.htmlに掲載してあります。

1 ヘッダの部分を編集する。ヘッダ部に対応するファイルは、ほとんどのテーマが「header.php」なので、これを編集する。「header.php」がない場合は、対応するファイルを探す。
HTML5で記述している場合は、<header>タグ内に、「prefix=" og: http://ogp.me/ns# fb: http://ogp.me/ns/fb# article: http://ogp.me/ns/article#"」のアトリビュートを追記する。HTML5で記述されているかどうかを判別するには、HTMLソースの一番最初が「<!DOCTYPE html>」で始まるかどうかを調べると良い。

```
<head prefix="og: http://ogp.me/ns# fb: http://ogp.me/ns/fb#
article: http://ogp.me/ns/article#">
```

HTML5以外の場合は、<html>タグ内に、「xmlns:og=" http://ogp.me/ns#" xmlns:fb=" http://ogp.me/ns/fb#"」のアトリビュートを追記する。

```
<html lang="ja" xmlns:og="http://ogp.me/ns#"
xmlns:fb="http://ogp.me/ns/fb#">
```

OGPタグを設置しよう Section 04-07

2 下記コードを、functions.phpに追記する。冒頭の、$app_id、$twi_account、$topImg、$lengthは個別の値を入力する。今回のコードは、トップページと記事ページのみ対応。$app_idはFaceBookのapp_idです。調べ方は148ページの参考-02を参照。

※カテゴリーページや固定ページに対応させたい場合は、個別に改造してください。

```php
<?php
function ogp(){

$app_id = '【例 1234567890】';//取得したFacebookアプリのApp ID
$twi_account = '【例 @kankichi】';//twitterアカウント名
$topImg ='【 例 http://www.wakatta-blog.com/wp-content/
uploads/2015/09/wakatta250.gif】'; //トップページ用のキャッチ画像
$length = 100; //概要文の長さ
global $post;      // 記事情報を取得
$str = $post->post_content;
$searchPattern = '/<img.*?src=(["\'])(.+?)\1.*?>/i';//投稿記事に画像があるか調べる
if (is_single()){//投稿記事か固定ページの場合
    if (has_post_thumbnail()){//アイキャッチがある場合
        $image_id = get_post_thumbnail_id();
         $image = wp_get_attachment_image_src( $image_id, 'full');
    } elseif ( preg_match( $searchPattern, $str, $imgurl ) && !is_archive()) {//アイキャッチは無いが画像がある場合
        $image = $imgurl[2];
    } else {//画像が1つも無い場合
        $image = 'デフォルト画像のURL';
    }
} else { //ホームページ
    $image = 'ホームページ用画像のURL';
}

if ( is_single()) {   //single.phpのとき
     $summary = mb_substr(strip_tags($post->post_excerpt),0,$length);
    if(!$summary){
        $summary = $post->post_content;
```

つづく

```php
            $summary = strip_shortcodes($summary);
            $summary = strip_tags($summary);
            $summary = str_replace("\n", "", $summary);
            $summary = str_replace('"','', $summary);
            $summary = str_replace(" ","",$summary);
            $summary = html_entity_decode($summary,ENT_QUOTES,"UTF-8");
            $summary = mb_substr($summary,0,$length);
    }
?>

<meta property="og:title" content="<?php the_title(); ?>" />
<meta property="og:type" content="article" />
<meta property="og:url" content="<?php the_permalink() ?>" />
<meta property="og:description" content="<?php echo $summary;?>" />
<meta property="og:site_name" content="<?php bloginfo('name'); ?>" />
<meta property="og:image" content="<?php echo $image; ?>" />
<meta property="fb:app_id" content="<?php echo $app_id; ?>" />
<meta property="og:locale" content="ja_JP" />

<meta name="twitter:card" content="summary_large_image">
<meta name="twitter:site" content="<?php echo $twi_account; ?>">

<?php }elseif(is_home()){    //トップページ
?>

<meta property="og:title" content="<?php bloginfo('name'); ?>" />
<meta property="og:type" content="blog" />
<meta property="og:url" content="<?php home_url(); ?>/" />
<meta property="og:site_name" content="<?php bloginfo('name'); ?>" />
<meta property="og:description" content="<?php bloginfo('description'); ?>" />
<meta property="og:image" content="<?php echo $topImg; ?>" />
<meta property="fb:app_id" content="<?php echo $app_id; ?>" />
<meta property="og:locale" content="ja_JP" />
```

つづく

```
<meta name="twitter:card" content="summary_large_image">
<meta name="twitter:site" content="<?php echo $twi_account;
?>">

<?php }
}
add_action( 'wp_head', 'ogp' );
?>
```

　上記のカスタマイズは、子テーマで行うのが良いでしょう。親テーマをカスタマイズしてしまうと、テーマがアップデートされたときに上書きされてしまい、カスタマイズした内容が消えてしまいます（190ページ参照）。

　コードのバックアップを忘れずに行ってください。エラー時のために、ファイル転送ソフトで直接header.php、functions.phpファイルを差し替えられるようにしておきましょう。

Twittercardを申請する

　TwitterがOGPタグの情報を利用して記事を表示するには、事前に準備が必要です。

1 Twittercardの検証ツール（https://cards-dev.twitter.com/validator）にブログのトップページのURLを入力する。
「request approval」の表示が出たら、ボタンをクリックして必要事項を記入する。「【入力したURL】is whitelisted for ～」の表示が出ている場合は、すでに承認されている。

2 Twittercardが問題なく表示されていることを確認する。

Facebook Debuggerで確認する

　Facebookの表示は、デバッガーで確認します。「Debugger - Facebook Developers（https://developers.facebook.com/tools/debug/）」に記事URLとトップページのURLを入力して、エラーが出ないことをチェックします。

　もし、「app_idが無い」とエラーが出る場合は、ページの古いキャッシュが残っている可能性があります。「Fetch new scrape infomation」ボタンを押して、新しいページデータを取得しなおしてみてください。

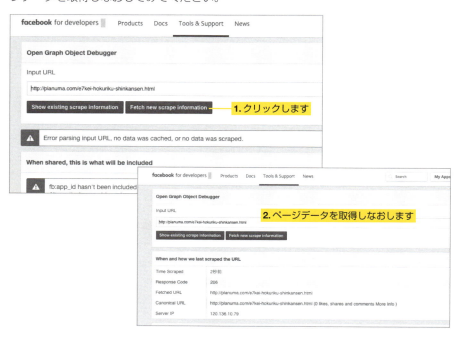

Section 04-08 ブログ記事をソーシャルメディアにポストしよう

ブログ記事をソーシャルメディアにポストするなら、必ず画像をつけてポストしましょう。OGPタグが設定されていれば、ポストするだけでFacebook、Twitterで画像付きポストが自動的に生成されます。

Twitterはソーシャルボタンを利用する

　Twitterは、ブログに設置したソーシャルボタンを利用してツイートしましょう。ツイートしたい記事にあるTwitterのソーシャルボタンをクリックすると、ツイート投稿画面が開きます。OGPタグ、TwitterCardの設定がされていれば（123ページ参照）、記事URLがツイート内に入っているだけで、キャッチ画像と概要文付きのツイートになります。ただし、Hootsuiteなどのサードパーティーのアプリでは、TwitterCardが表示されないことがあります。

1 記事にあるTwitterのシェアボタンをクリックする。

2 ツイートを編集して、「ツイート」ボタンをクリックする。

3 OGPタグが設定されていれば、キャッチ画像付きのツイートとなる。

画像付きツイートをする

　TwitterCardではなく、画像付きツイートをする方法もあります。画像をクリックしたとき、TwitterCardはブログ記事ページへ遷移しますが、画像付きツイートだと、画像の拡大画面が表示されます。TwitterCardと画像付きツイートのどちらがブログ記事へのアクセスが多いかは、筆者が調査した限りでは、差がありませんでした。ぜひ比較してみてください。TwitterCardの設定ができない場合は、画像付きツイートをしたほうが効果が大きいです。画像付きツイートは、Twitterの機能で可能です。画像を最大4つ表示できます。使い方については146ページを参照してください。

FacebookページはURLをコピペする

　Facebookページにブログ記事をポストするには、ブログ記事URLをFacebookページの投稿フォームにコピペします。OGPタグが設定されていれば、キャッチ画像と概要文付きの投稿が自動的にできあがります。OGPタグが設置されていなくても、Facebook側でキャッチ画像と概要文をそれなりにピックアップしてくれます。

　Facebookページへの投稿は、Twitterのようにソーシャルボタンではできません。ちょっと面倒ですが、URLをコピペする必要があります。

1 Facebookページの「近況を報告する」に、シェアしたい記事URLをコピペする。

2 キャプチャと概要文が表示されたら、一度URLは消去する。

3. コメントを編集して、「公開」をクリックする。

■ iOS版

1. 「投稿する」をタップする。

2. シェアしたい記事URLをコピペする。

3. キャプチャと概要文が表示されたら、一度URLは消去する。コメントを編集して、「公開」をタップする。

コメントを付け加える

　ブログURLだけをコピペして投稿を続けると、機械的な印象を与えます。短くて良いので、ひと言必ずコメントを書き加えましょう。

　複数のソーシャルメディアにポストするなら、ソーシャルメディアごとにコメントを変えたほうが良いでしょう。ユーザー層は異なります。Twitterは文字数制限があるので簡潔に、Facebookページは少し長めでしっかりとしたコメントなど、反応を見ながら工夫してみましょう。

Section 04-09 定期更新をする

一般人が運営する不定期更新のブログを、毎日チェックしてくれるのは知り合いくらいです。定期更新すると、読者は安心して読みに来れます。毎日更新が理想ですが、厳しかったら週2回でも構いません。無理のない範囲で定期更新にチャレンジしてみましょう。

更新されないブログにファンはつかない

面白いブログ記事を見つけても、ブログの最終更新日が3年前だったら、フォローしたいとは思いません。

活動していないアイドルに、ファンがつくことはないのと同じです。更新されていないブログを読み続けようと思う人はいません。

検索エンジンからの集客だけでよいのであれば、ほったらかしでも良いでしょう。しかし、本書を手にとった方は、検索エンジンに頼らず、自力でアクセスを引っ張ってこられる「人気」が欲しいと考えているはずです。

ブログは更新してナンボであることを、強く意識しましょう。

最後の更新が数年前だと、残念な気分になる

不定期よりも定期更新

　月9ドラマは、毎週月曜日の夜9時から放送すると決まっています。週刊少年サンデーは水曜日に発売すると決まっています。期日が決まっているから、人々は安心して予定を立てて、ドラマを見たり、マンガを買いに来てくれるのです。

　いつ放送するかわからない、今週は発売されるかどうかもわからない状態だと、毎日チェックは難しいです。

　ブログも同じです。芸能人ならともかく、ただの一個人のブログを毎日チェックしてくれる暇な人はいません。不定期ではなく、必ず定期更新をしましょう。あらかじめ決まった日時に投稿し続けることで、読者の信用をつかむのです。

自分のペースを守る

　仕事が忙しい人は、毎日更新する必要はありません。月曜日と木曜日の週二日でもかまいません。週一回でも良いでしょう。

　まずは余裕ある周期で更新して、自分のペースを作っていきましょう。時間がない中で無理をして、体調を崩してしまったり、燃え尽きてしまっては、意味がありません。

　WordPressをはじめ、ブログサービスの多くは予約投稿機能が付いています。休日に書いた記事を、平日の決まった日時に投稿することが可能です。

　IFTTTを利用すれば、「ブログを更新したら、自動的にソーシャルメディアに流す」ことが可能です。便利なサービスを駆使して省力化して、定期更新を続けましょう。

IFTTTはネット上の作業を自動化できる便利なツールです。ブログ運営に活用すると、省力化が可能です。ブログ運営が回り始めたら、利用してみましょう

Section 04-10 バズを起こす

ソーシャルメディアによる集客の最大の魅力は「バズ（BUZZ）」です。バズはソーシャルメディア上の伝言ゲームのようなもの。人づてに次々とシェアが連鎖して、短時間で多くの人に記事が届きます。

バズを起こすテクニック① タイトル・タイトル・タイトル

ソーシャルメディアでは、記事の全文をシェアできません。読者は記事のタイトルだけを見て、記事を読むかどうか判断します。記事のタイトルの役割は重大です。52〜55ページの内容をじっくり読んで、キャッチーなタイトルを心がけましょう。もし反応が少なければ、タイトルを変更して何度でも再投稿してみましょう。タイトルを繰り返し練り直すことで、バズりやすいタイトルが見えてきます。一語違うだけで反応が大きく変わります。

バズを起こすテクニック② わかりやすくキャッチーな画像

人はネット上のコンテンツをすべて読んでなくて、眺めるように読んでいます。タイトルを端的にわかりやすく示してくれるキャッチ画像があると、さらに読者の関心を誘えます。キャッチ画像が平凡に感じたら、フィルターを使ってみるのも手です。コントラストを強めにすると、写真にインパクトが生まれます。白黒写真も有効です。もちろん関係のない画像を利用してはいけません。

RSSリーダーのFeedlyの、スマホとPCの画面。人は読む記事をタイトルとキャッチ画像でしか判断できないことがよくわかります

バズを起こすテクニック③ 自らシェア&コメントする

　自分で書いた記事は、まず自分のソーシャルアカウントでシェアしましょう。ソーシャルメディア上に流通しているものを、シェアするのは簡単です。まだシェアされていないものをいちからシェアする作業は、それなりに手間が必要です。自分でシェアすることで、読者の手間を少しでも取り除いてあげるのです。

バズを起こすテクニック④ 投稿時間を考える

　ソーシャルメディアでバズりやすい時間帯は、ブログによってさまざまです。サラリーマン向けのブログならば、通勤時間帯やランチの時間帯、主婦向けならば、ひと通り家事が終わった14時ころからが読まれやすいので、バズりやすいと言えます。

　夜は読まれやすい時間帯ですが、深夜になってしまうと、読者は寝てしまってバズの規模が限定的になります。投稿時間を変えて、反応を比較してみましょう。

　はてブなどで良くシェアしてくれる読者が1人でもいれば、特定の1人の読者にターゲットを絞って、読みやすい時間帯にポストしてあげるのも有効です。たった一人とはいえ、あなたのブログの貴重なファンです。大事にしましょう。

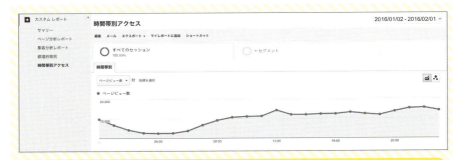

わかったブログの2016/1/1～2/1までの時間別集計。お昼と21～22時にピークがある。読者ターゲットの男性サラリーマンの行動とピッタリ一致する

バズを起こすテクニック⑤ ターゲットの性別、年齢を考える

　はてなメディアガイド（http://hatenacorp.jp/ads 2016年1-3月版）によれば、はてなブックマークユーザーの64％は男性です。よって、女性向けの記事のブックマークは増えにくいと言えます。年齢別でみると、18～24歳の若者は、Facebookよりも、TwitterやLINEの利用が多いというデータがあります（参考【2015年保存版】ソーシャルメディアのデータまとめ一覧。 http://gaiax-socialmedialab.jp/socialmedia/368）。ターゲットによって、バズが起きやすいソーシャルメディアは異なります。自分のブログに合うソーシャルメディアを見つけましょう。

Section 04-11 バズを畳み掛ける

ブログ記事がソーシャルメディア上でバズっても、単発だと読者の印象に残りません。2記事、3記事と連続してバズが発生してようやく、多くの人に「最近よく見るなあ」と、認識されるようになります。一度バズっても満足せず、次の記事も良い記事をポストして、バズを起こして畳み掛けましょう。

一度くらいバズったところで何も変わらない

ソーシャルメディア上でバズが発生したら「これで私もプロブロガーになれる！」と興奮するかもしれません。ソーシャルカウンターとアクセスカウンターの数字がどんどん増えていく様子を眺めていると、気持ちが良いです。しかし、時間がたつにつれて、バズは次第に収まっていきます。そして、いつもと変わらぬ時間に戻ってしまいます。ブログのページビュー数、ソーシャルメディアのフォロアー数は、少し増えたくらいです。そう、一度くらいバズっても、何も変わらないのです。

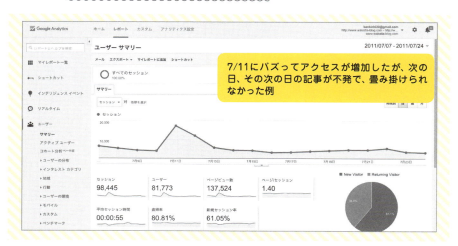

7/11にバズってアクセスが増加したが、次の日、その次の日の記事が不発で、畳み掛けられなかった例

ブログに人が多いうちにもう一記事

パチンコで単発の当たりが出ても、終わってしまえば最初からやり直しです。次の当たりが来なければ、あっという間に出玉は飲み込まれてしまいます。

出玉を増やすには、確変（確率変動）に入って、大当たりを連チャンする必要があります。確変中ならば、すぐに次の当たりが来るので、出玉を減らすことなく、玉がどんどん増えていくのです。

　ブログも似ています。バズが発生したら、単発で終わらせるのではなく、次の記事もバズらせて、バズを連チャンさせていくのです。前の記事がバズっていて、多くの読者がブログを読みに来てくれている間に、新しい記事を投入すれば、次の記事もバズりやすいのです。心理学では「ザイオンス効果」が知られています。単純接触効果と呼ばれ、繰り返し接すると好意度や印象が高まる効果です。単発のバズでは、人々は記事を読んで「良い記事を読んだな」で、終わりです。ところが、バズを連チャンさせていくと「あれ、このブログ昨日も見かけたな」となり、印象が高まって、継続的に読んでくれやすくなるのです。

ネタをひねり出す力をつける

　バズが始まったら、すぐに次の記事の準備を始めなければなりません。つまらない記事ではバズは起きません。バズりそうな記事を書いて、ポストし続けます。

　最近気がついたことや経験したことから、教訓をひねり出して記事を書いてみましょう。タイトルは必ずキャッチーにします。ブログを安定して続けていくには、ちょっとした気づきからネタを膨らませて、記事を書く文章作成能力が不可欠です。92ページの4行日記が参考になります。とにかく記事を書かないことには、上達はありません。チャンスが来たら、書いて書いて書きまくりましょう。

わかったブログの例

　2010年の秋から本格的にブログ更新を開始しました。5ヶ月後の2011年1月がブログの転機となりました。お正月が過ぎて1月12日から2月1日までの21日間、17記事をポストして、1,000はてブ以上が2記事、500はてブ以上が2記事、100はてブ以上が4記事、50はてブ以上が4記事となり、合計5,698はてブを頂きました。この頃は50はてブ以上になると、ホッテントリに掲載されていたので、17記事中12記事、約70％の記事がホッテントリに掲載されていたことになります。

　ホッテントリに掲載されたら、次の日までにバズりそうな記事をなんとか書き上げて、毎日畳み掛けていました。現在は、はてなブックマークのアルゴリズムが変わり、ホッテントリに掲載される時間が短くなってしまいました。同じことをしようとすると、1日一記事では足りず、もっと多くの記事が必要ですが、チャレンジしてみる価値はあります。

Section 04-12 フォロアーを増やす・フォロアーと交流する

ソーシャルメディアのフォロアーを増やすには、人がフォローするときの心理を理解することです。フォローボタンはわかりやすい位置に設置しましょう。フォロアーからのコメントには誠実に対応しましょう。交流の中から新たな刺激をもらい、ブログの成長につなげます。

フォローボタンはお願い文付きでわかりやすい位置に設置する

　読んだブログが面白くて、ソーシャルメディアでフォローしようと思っても、簡単にフォローできなければ、読者の興味はすぐに他に向いてしまいます。フォローボタンはわかりやすい位置に設置しましょう。記事下に設置しておくと、記事を読み終わって気持ちが熱いうちにフォローできるので有効です。プロフィールページにアカウントをまとめておくとわかりやすいです。

　その際、ソーシャルボタンの上に、フォローをお願いするコメントを書いておきましょう。単に「フォローしてください」と書くのではなく、「フォローしていただけると、ブログ更新を見逃しません」と「フォローする理由」を付け加えると効果が高まります。これは心理学の「理由付けの法則」を利用したテクニックです。人を説得するときには、無理やりでも理由をつけると、説得させやすいという研究結果があります。

わかったブログでは、お願い文を添えて、記事下にソーシャルボタンを設置しています

インチキはしない

　フォロー返し目的で、誰でも構わず無差別にフォローするのはやめましょう。人為的に増やしたフォロアーは、何ももたらしてくれません。分かる人が見れば、フォロアー数が不自然なことはすぐにバレてしまいます。本当にフォローしたい人だけフォローしましょう。

お金を払うと、TwitterやFacebookのフォロアー数を増やしてくれるサービスが存在します。まったく意味がないので、絶対に利用しないでください。

インターネットでは100人ファンを集めれば上手くいくと言われています。無意味な1,000人のフォロアーリストよりも、コアなファンが集まった100人の方が有意義な交流ができるのは明らかです。フォロアーのリストは信用の証です。読者のために記事をポストして、誠実に交流すれば、フォロアーは増えていくでしょう。

ブログ更新を充実するのが一番効果がある

ソーシャルメディアのフォロアーを増やすには、ソーシャルメディア上での活動を頑張るだけでなく、ブログの更新を充実させることが一番です。ソーシャルメディアのフォロアー数は、ブログの人気度のバロメーターです。

ブログ記事がソーシャルメディア上でバズると、フォロアーが一気に増えます。面白い記事をたくさんポストして、多くの人に届くように努力しましょう。フォロアーが1人でも増えれば、その分バズが発生しやすくなります。フォロアー増加→バズ増加→フォロアーが更に増える……ソーシャルスパイラルを起こすのです。

コメントに答える

ソーシャルメディア上でコメントが来たら、できる限り返答しましょう。返事がくれば相手も良い気分になります。時間がなければ、「ありがとうございます」のひと言でも良いでしょう。ここでも心理学の「ザイオンス効果」が有効です。簡単な交流でも、回数が増えてくると、親近感が増えていきます。こまめに返答をしましょう。

Twitterでは、「通知」を開くと、リツイートやメッセージ、いいね、フォローの情報を確認できます

自ブログの紹介記事、ツイートは積極的にシェアする

いくら自分で自分のお店をすごいと言っても、伝わりません。しかし、第三者が「あのお店はお勧めだよ」と言うと、「そうなんだ」と信用されます。第三者からの口コミは信頼できるのです。「お客様の声」を掲載しているお店のウェブサイトが多いのはそのためです。

自分のブログ記事を紹介してくれていたら、お礼を込めて、積極的にシェアしましょう。第三者の口コミを通じて、自ブログをアピールできます。口コミ元にとっても、気がついてもらえることは嬉しいです。筆者は、はてなブックマークを利用してシェアします。FacebookとTwitterをはてブと連携しておけば（153ページ参照）、はてブをつけると同時にFacebookとTwitterに配信できます。ソーシャルメディアでシェアする手間は数秒です。お金はかかりません。ケチらずどんどんシェアしましょう。

エゴサーチをしよう

自分のブログ記事が、知らないうちに他のブログや、ソーシャルメディアで紹介されていることがあります。自分から積極的に探してみましょう。自分に関する記事やコメントを探すことを「エゴサーチ」といいます。

Google検索や、Twitterなら、検索フォームにブログ名や、ハンドルネーム名を入力して検索します。Twitterでドメインや記事URLを検索すると、ブログ記事を紹介しているツイートを調べることができます。

エゴサーチは何が書かれているのか、ドキドキします

ケンカはしない

誹謗中傷などのひどいネガティブコメントに対しては、基本スルーが良いでしょう（詳しくは次ページを参照）。もし、情報が足りなくて勘違いをしているようであれば、コメントへのお礼を添えた上で、足りない情報を補足してあげましょう。

考えようによっては、忙しい1日の中で、数秒でも自分のブログに興味を持ってくれたことは奇跡に近いものがあります。コメントをくれた相手に感謝しつつ、コンパクトな対応を心がけるとよいでしょう。

Section 04-13

ネガコメへのスルー力を身につけよう

ブログのアクセスが増えると、コメントが増えてきます。中には誹謗中傷を含むものもあります。面と向かっては絶対に言えないようなことでも、ネットだと言えてしまうのです。ネガコメに対しては、スルーが一番有効です。

ネガコメへの最強の対応は「無視」

ネガティブコメントに下手に反論や仕返しをすると、待ってましたとばかりに、相手からの攻撃が激しくなることが多いです。大好きの反対語は「大嫌い」ではありません。「無関心」です。相手にしないことが、一番効果的です。

ネガコメが目に入らないようにする

Twitterでは、ネガティブなツイートをしてくる人をブロックできます。Facebookページでは、特定のユーザーにコメントさせないブロック機能があります。はてなブックマークでは、ブックマーク一覧の表示を制御できます（150ページ参照）。特定のブコメ、特定のユーザーのブコメを非表示にして「自分の視界から消す」方法です。すべての人から見えなくするには、ブックマーク一覧をすべて非表示に設定します。

読まない

「知らぬが仏」ではありませんが、ネガコメは読まないのが一番です。特にはてなブックマークはネガコメが多いです。ブックマークページを絶対に開かないブロガーもいます。とはいえ、記事の内容のミスや誤字脱字などを指摘してくれているコメントもあります。悪いことばかりではありません。1〜3日経ってからチェックすることを勧めします。ある程度時間が経つと、他人ごとのように冷静に読めるようになります。

> **MEMO　箱の法則を学ぶ**
> 筆者は、ネガコメを全面否定していました。コメント主をひどい人と認識し、真っ向から反論しました。そんな時期に「自分の小さな「箱」から脱出する方法（大和書房）」に出会い、ネガコメへの対応の仕方が変わりました。他人に対して怒りを感じるとき、相手の落ち度を理由にしますが、本当は多少なりとも自分にも落ち度があるはずです。すべてを相手の落ち度に転嫁して、自己正当化する「自己欺瞞（自分をだます）」ことが、怒りの本質です。人はすぐに箱（自分を正当化するためのフィルター）に入ってしまいます。箱から出る方法は「自分が箱に入っているんじゃないか？」と自覚することです。「箱に入っているのでは」と自分に問いかけると、ネガコメに対して、うまく対応できます。

Section 04-14 お気に入りに入れてもらう

どのブラウザにもついている「お気に入り」機能は、最強のリピートツールです。お気に入りに入れてくれるファンを地道に増やしましょう。

ブラウザのお気に入り機能は最重要なアクセス源

PCやスマートフォンのブラウザには、「お気に入り」「ブックマーク」と呼ばれる機能がついています。その名の通り、お気に入りのウェブページを登録できます。スマホのお気に入りに登録してもらえると、隙間時間などにブログを読んでくれます。一度お気に入りに登録してもらえれば、滅多なことでは削除されません。ソーシャルメディアでのシェアだけでなく、リアルの口コミも期待でき、アクセス数を下支えしてくれます。

女性はお気に入り重視

女性向けのブログは、ソーシャルでバズりにくいです。前述したように、日本国内のバズの震源地であるはてなブックマークの女性ユーザー数が少ないことが原因です。女性は自分とフィーリングが合うブログを探して、ブラウザのお気に入りに登録して読んでいるケースが多いようです。男性よりも「ファン」がつきやすいと言えます。ソーシャルメディア上でバズが発生しなくても、ライフスタイルや趣味などしっかりした軸を持ってブログを続ければ、多くの読者に読んでもらえるでしょう。

お気に入りからのアクセス数を調べる

ブラウザのお気に入りからのアクセスは、Google Analyticsでは、左サイドの「集客」＞「サマリー」＞「Direct」で確認できます。ただし、「Direct」の値には、スマホアプリからのアクセス数も含まれます。ソーシャルメディアでバズが発生していない日のDirectのアクセス数が、ほぼお気に入りからの数、つまり「ファンの人数」と言えます。定期的にチェックしましょう。

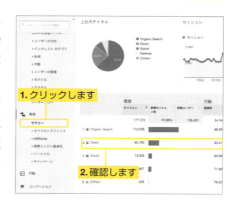

Section 04-15

自己責任でセルフブックマークを行うなら

日本のネットシーンにおけるバズの発生源は、はてなブックマークです。はてなブックマークでブックマークが集まると、ホッテントリと呼ばれる人気記事リストに掲載され、多くの人の目に触れて、TwitterやFacebookで拡散されます。自分の記事を自らブックマーク（セルクマ）することで、ホッテントリに掲載されやすくなります。

はてなブックマークはバズの発生源

はてなブックマークは、公開型のブックマークです。お気に入りのページをコメントと共に保存できます。ページごとにブックマーク数はカウントされて、数が多くなってくると、ホッテントリ（ホットエントリー）と呼ばれるページに掲載されて、多くの人の目にふれるようになります。

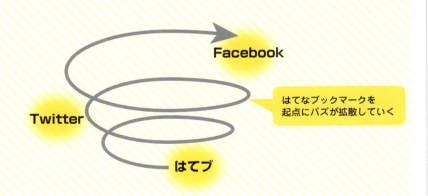

はてなブックマークを起点にバズが拡散していく

多くの人がホッテントリを情報源としているため、はてなブックマークはバズの一大発生源となっています。はてなブックマークから情報を得て運営しているニュースサイトは多いです。はてなブックマークはTwitter、Facebookと連携できます（153ページ参照）。はてブで火がつくと、ソーシャルメディア全体にバズが広がっていくのです。

はてなブックマーク | http://b.hatena.ne.jp/

ホッテントリ掲載のメカニズム

　ホッテントリに掲載されるには、条件があります。大まかに言えば、最初のはてブ3つが短時間でつくほど、ホッテントリに掲載される可能性が高くなります。

　3つはてブがつくと、まず、ジャンル別の新着エントリーページに掲載されます。最初にはてブがついた時刻で新しい順にソートされるため、短時間ではてブが集まったほうが、上位に長い時間掲載されて、アクセスが集まりやすいのです。

　新着エントリーページで注目されて、10個ほどはてブがつくと、ジャンル別のホッテントリページに掲載されます。さらにはてブが増えていくと、総合のホッテントリページに掲載されます。はてな全体のトップページにも掲載されて、多くの注目を集められます。

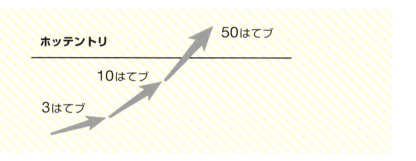

　誰かが最初のはてブをつけてくれるのを待って、2番目のブクマを自分のはてブアカウントでブックマーク、つまり「セルフブックマーク（セルクマ）」すれば、1番目から3番目のブックマークまでの時間を最短にできます。

　はてブは、はてブを呼ぶところがあります（心理学の社会的証明）。2つのブクマがつくことで、3つめのブクマがつきやすくなるのです。

セルクマは違反ではないが注意が必要

　セルクマは違反ではないか？　という声を見かけますが、違反ではありません。はてなブックマーク側は自分で自分の記事をブックマークすることを禁止していません。はてなが公開する「はてなブックマークにおけるスパム行為の考え方および対応について（http://b.hatena.ne.jp/help/entry/spam）」によれば、「なお、ご自身が運営するウェブサイトを自身のアカウントでブックマークする行為については、特に問題としておらず、表示制限措置や利用停止などの対象とはしておりません」とあります。しかし、

- 同一サイトのページを大量にブックマークする
- 広告、宣伝および検索サイト最適化を目的としてブックマークする行為
- 特定の条件で自動ブックマークをする行為のうち、特に公正性に影響が出るもの
- エントリーのブックマーク数に応じて、自動的にブックマークを投稿する等

　このような利用はスパム行為として禁止しており、「ただし、ご自身が運営されているウェブサイトをブックマークする場合でも、運営ウェブサイトの内容や態様によりスパム目的であると判断できる場合や、機械的な高頻度のブックマークなど、通常の利用を逸脱していると判断できる場合には、表示制限措置や利用停止などの対象となる場合がございますので、ご注意ください。」とあります。プログラムによって自動的にブックマークする行為はスパム扱いとなりますので、絶対にやめましょう。

　一人で複数アカウントを取得して、自分の記事に自作自演で多くのブックマークをすることは明らかな違反です。絶対にやってはいけません。悪質な違反をすると、アカウント凍結といったペナルティを受けます。著者は、はてなブックマークを使い始めたころ、興味本位で色々試していたら、アカウントを一時停止されてしまったことがあります。二度と不正はしないと決めました。

IFTTTのブクマ通知レシピを利用する

　前述のとおり、誰かが一つ目のはてブをつけてくれたら、すぐに2つ目のはてブをセルクマするのが一番効果的です。しかし、パソコンやスマートフォンでずっと監視するわけにはいきません。

　アプリ「IFTTT」を利用して、ひとつ目のはてブがついたら、スマートフォンで連絡してくれるレシピが便利です。連絡が来たら、すぐにセルクマをしましょう。

■レシピの作り方

1 IFTTTアプリを開き、右上の🕊をタップする。

2 右上の✚をタップする。

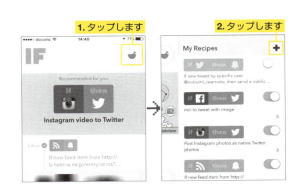

3 一番下の「Create a Recipe」をタップする。

4 ifの次の+をタップする。

5 スクロールして「feed」を探してタップする。

6 「New feed item」をタップする。

7 http://b.hatena.ne.jp/entrylist.rss?sort=eid&url=【ブログのトップページのURL】を入力する。

8 thenの次の+をタップする。

自己責任でセルフブックマークを行うなら | Section ▶ 04-15

9 「IF Notifivations」をタップする。

10 「Send a notification」をタップする。

11 右上の「Next」をタップする。

12 「Finish」をタップする。

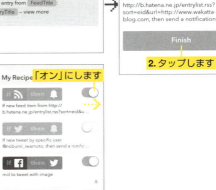

13 作ったレシピのスイッチを「ON」にする。

14 ブックマークがついたら通知が届くようになる。

ここぞ！という記事で利用する

　本書は「使えるものは使う」を信条としています。チャンスが少しでも増えるのであれば、セルクマへのチャレンジをお勧めします。

　とはいえ、IFTTTを使用して、毎記事で2ブクマ目をセルクマし続けると、手動でも自動ブクマでスパムと判定されてしまう可能性もなくはありません。すべての記事でセルクマするのは控えましょう。自信作の記事で、多くの人に読んでもらいたいときのみの使用をお勧めします。はてブユーザーの中には、セルクマについて否定的な人が多いです。筆者もセルクマしまくるのは、格好悪いかなと感じます。

Section 04-16 SEOの基本を学ぶ

SEOはブログ運営において大切な技術です。しかし、本書では説明を最小限にとどめています。なぜなら、良質な記事を書くこと以外に、対策できることは少ないからです。基本はおさえておきましょう。

人工知能の到来

　Google検索アルゴリズムの基本は「人気投票」です。「良い学術論文は、多くの論文で引用される」性質をウェブに導入して、外部から多くリンクされているページは質の良いページとして評価する手法は、検索エンジンのランキングの精度を飛躍的に向上しました。

　しかし、作為的にリンクを増やすなどのスパム行為が増えてきました。最近は、人間と同じように、検索エンジンが文章の内容を読んで、コンテンツの質を判断しているようです。人工知能の最新技術「ディープラーニング」を使って、良いコンテンツはどんなものかを、検索エンジンが自ら学習して判断しているのです。

　ディープラーニングのすごいところは、良いコンテンツの指標を、自ら見つけられることです。これまでは被リンクやキーワード数が評価の指針でしたが、人工知能はまったく違う指標を見出しているかもしれません。

　Googleの裏をかいたつもりでも、検索エンジンはすぐに学習して、穴埋めしてきます。ユーザーの行動を学習して、各人の好みに合わせた検索ランキングを提示してくるでしょう。万人にウケるような文章ではなく、ターゲットをしっかり絞って、面白くて有益な記事を書くことが、SEOにつながるのです。

無理にタイトルにキーワードを入れる必要はない

　SEOでは「記事タイトルにキーワードを入れよう」とよく言われます。確かに入れたほうが上位表示しやすいです。しかし、これからのGoogleは、タイトルに頼らなくても、「何が書いてあるか」を把握できるようになるでしょう。

　よって、無理してタイトルにキーワードを入れなくても良いと、個人的には考えています。具体的な商品名などのキーワードを入れてしまうと、その商品を知っている人しか記事を読んでくれなくなります。検索ランキングも激戦です。

52ページでも述べたように、記事を読んだ後に実現できる生活の改善がイメージできるタイトルをつけたほうが、ソーシャルメディアでバズりやすいです。激戦キーワードを外すことで、他のキーワード検索からの流入が見込めます。

見出しタグを正しくつけよう

記事に小見出しを入れると、読みやすくなります（56ページ参照）。

小見出しには、見出しタグ<h1>～<h6>をつけると、検索エンジンが文章を理解しやすくなります。順番と階層に注意して、正しくつけましょう。<h1>の次に<h3>が来るような歯抜け構造があってはいけません。

人が読みやすい文章は、検索エンジンも理解しやすいのです。

```
<h1>記事タイトル</h1>
<h2>小見出し(大)</h2>
<h3>小見出し(小)</h3>
<p>文章</p>
<h3>小見出し(小)</h3>
<p>文章</p>
  ・
  ・
  ・
<h2>小見出し(大)</h2>
<h3>小見出し(小)</h3>
<p>文章</p>
  ・
  ・
  ・
<h2>小見出し(大)</h2>
<h3>小見出し(小)</h3>
<p>文章</p>
  ・
  ・
  ・
```

meta descriptionの重要性

Googleはmeta description（ページの概要文）をランキング計算の指標として使用しないと明言しています。しかし、meta descriptionは検索結果のウェブページの概要文として利用されることが多いです。

ユーザーは記事タイトルと概要文を読んだ上で、読む記事を選んでいます。meta descriptionはクリック率に影響するはずです。Googleがユーザーの行動を分析して、クリック率が良い記事を上位にあげる可能性は十分に考えられます。勝負記事では、meta descriptionにページの内容の魅力を紹介する概要文を書きましょう。

> **MEMO**
>
> **人工知能を学ぶ**
>
> 「人工知能は人間を超えるか（松尾 豊・角川EPUB選書）」は、人工知能とディープラーニングをわかりやすく学べます。Googleは人工知能の開発において先行しています。ディープラーニングで、囲碁で世界チャンピオンに圧勝（アルファ碁）したり、猫の画像を理解することに世界で初めて成功しました。

kindle版

Section 参考-01 Twitterで複数の画像付きでツイートする

ブログ記事をツイートする際、Twitter Cards(URLを入力してOGPタグ情報を元に自動的にカードを作成)ではなく、直接画像ファイルを指定する方法もおすすめです。パソコンでもスマホアプリでも、同様に作業できます。

Web版Twitterを使う

Twitter Cardsは1つの画像しか掲載できませんが、最大4つの画像を使用できます。

Twitter Cardsが使えない場合や、効果が感じられない方は、試してみることをお勧めします。

1 ブラウザでTwitterを開き、「ツイートする」ボタンをクリックします。

2 ウィンドウの左下にある「メディア」をクリックして、掲載したい画像を選択します。

3 または、掲載したい画像を選択して、ツイートフォームにドラッグ&ドロップします。
1つずつドラッグすると順番も指定できます。

画像ファイルをツイートフォームにドラッグ&ドロップしても指定できます

4 ブログ記事の紹介文とURLをコピペして、ツイートします。

1. ブログ記事の紹介文とURLをコピペします
2. クリックします

Twitterで複数の画像付きでツイートする　Section▶参考-01

スマホ版Twitterを使う

1 Twitterアプリの右下にあるツイートボタンをタップします。

2 画面左の「メディア」をタップして、掲載したい画像を選択します。

3 1つずつ選択すると、画像の順序も指定できます。画像は4つまで選択できます。

ブログ記事の紹介文とURLをコピペして、ツイートします。
スマホでも、画像は最大4つでブロック状に表示されます。

タップします

タップします

1. 画像を選択します

2. タップします

2. タップします

1. ブログ記事の紹介文とURLをコピペします

画像はブロック状に表示されます

Section 参考-02 Facebookのapp_idを取得する

Facebookのapp_idは、OGPタグ設置（119ページ参照）に必要です。Facebookのapp_idと似たようなidで、fb:adminsがあります。こちらのほうが簡単に取得できるのですが、個人を特定されてしまう可能性があります。少々面倒でも、app_idを取得しておきましょう。

Facebookのapp_idを取得する

　Facebookのapp_id取得は、Facebook for developers内の、「全てのアプリ - 開発者向けFacebookページ（https://developers.facebook.com/apps/）」から行います。

1 「全てのアプリ - 開発者向けFacebookページ」の「+Add a New App」ボタンをクリック。

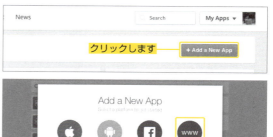

2 ウェブサイトを選択する。

3 右上の「Skip and Create App ID」をクリックする。

4 表示名を入力し（ブログ名が良い）、カテゴリを選択して、「アプリIDを作成」ボタンをクリックする。

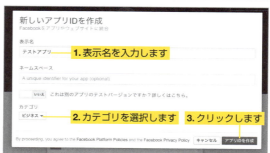

5 サイドメニューから、「Setting」に移動して、連絡先メールアドレスを入力する。

6 サイドメニューの「App Preview」から、「Do you want ～」のスイッチを「YES」にする。

7 アプリ名の隣の丸印が、緑色に変化したら、app_idが使えるようになっている。サイドメニューからDashboardに戻り、「App ID」をメモしておく。

8 119ページを参照に手順**7**で取得したApp IDをブログに設置する。テーマで対応している場合は所定のフォームから入力するだけでOK。自前でカスタマイズする場合は、テーマに書き込む。

```
<meta property="fb:app_id" content="{App_id}" />
```

いいねしてくれた人の友だちのタイムラインにブログ記事が流れる

Facebookのapp_idを記述したOGPタグをブログに設置すると、ブログ記事が「いいね」されるだけで、いいねしてくれた人の友だちのタイムラインに、ブログ記事が流れるようになります(すべての記事が流れるわけではありません)。

Section 参考-03 はてなブックマークIDとブログを紐付けする

はてなブックマークIDとブログを紐付けして、ブコメを見えなくできます。はてブのコメントはネガティブなものが多いです。ブコメを非表示にしたり個別に見えなくする方法を知っておきましょう。

はてなブックマークのコメントは制御できる

　はてブ（はてなブックマーク）はソーシャルメディア上のバズの起点になることが多いです。多くのはてブがつけば、ネット上で注目されます。ところが、はてブのコメントは攻撃的なものが多く、ブコメ（はてなブックマークのコメント）を読むことで精神的に落ちこんでしまうブロガーが多いです。

> 一方で、サイト制作者様の意向によっては、自分のサイトにひどいコメントをされたくない、非表示としたい、という場合もあると考えております。
> このような経緯から、はてなブックマークでは、ブックマーク/コメントの自由は維持しながら、サイトの作者様の意思により、ブックマーク/コメント一覧を非表示にしたり、個別のブックマークを非表示にしたりする機能を提供しています。
>
> from はてなブックマークヘルプ

　はてブアカウントと、ブログを紐付ける設定をしておくと、ブログについたすべてのブコメを利用者全員に非表示にしたり、自分から個別に見えなくできます。はてなブックマークユーザーに認められた正当な操作です。必要を感じたら、積極的に非表示にしましょう。

「○○さんはこのブックマーク一覧の表示を制御できます（表示制御画面へ）」の表示が出ます

> ブックマーク一覧を非表示したり、個別に非表示できます

WordPressはfunction.phpを編集する

WordPressの場合、function.phpに次のようなコードを書き込めば、自動的に挿入されます。「あなたのはてなID」は、ご自分のIDに書き直してください。

```php
//はてなタグを入れる
function hatena(){ ?>
<!--
<rdf:RDF
  xmlns:rdf="http://www.w3.org/1999/02/22-rdf-syntax-ns#"
  xmlns:dc="http://purl.org/dc/elements/1.1/"
  xmlns:foaf="http://xmlns.com/foaf/0.1/">
<rdf:Description rdf:about="<?php echo esc_url( home_url() . $_SERVER['REQUEST_URI'] ); ?>">
    <foaf:maker rdf:parseType="Resource">
      <foaf:holdsAccount>
        <foaf:OnlineAccount foaf:accountName="あなたのはてなID">
          <foaf:accountServiceHomepage rdf:resource="http://www.hatena.ne.jp/" />
        </foaf:OnlineAccount>
      </foaf:holdsAccount>
    </foaf:maker>
</rdf:Description>
</rdf:RDF>
-->
<?php }
add_action( 'wp_head', 'hatena' );
```

> 自分のはてなIDを入力します

無料ブログサービスの場合

無料ブログサービスにタグを設置する場合は、テンプレートを直接編集して、コードを入力する必要があります。方法は以下のコードを、直接<head></head>内に設置します。

```
<rdf:RDF
xmlns:rdf="http://www.w3.org/1999/02/22-rdf-syntax-ns#"
xmlns:dc="http://purl.org/dc/elements/1.1/"http://b.hatena.
ne.jp/help/entry/nocomment
xmlns:foaf="http://xmlns.com/foaf/0.1/">
<rdf:Description rdf:about="エントリーのリンクあるいはウェブサイトの
URL">
<foaf:maker rdf:parseType="Resource">
<foaf:holdsAccount>
<foaf:OnlineAccount foaf:accountName="あなたのはてなID">
<foaf:accountServiceHomepage rdf:resource="http://www.hatena.
ne.jp/" />
</foaf:OnlineAccount>
</foaf:holdsAccount>
</foaf:maker>
</rdf:Description>
</rdf:RDF>
```

"エントリーへのリンクURL あるいはウェブサイトのURL"の部分は、「ページURL出力する記述」を記入します。ブログサービスごとに文法は違います。

> 「エントリーへのリンクURLあるいはウェブサイトのURL」には、このコードを貼り付けているページのURL（permalink）を記入してください（permalinkの記入が難しい場合はそのウェブサイトのトップページのURLでも構いません）。
> from はてなブックマークヘルプ

わからなければ、トップページのURLを入力しておけば良いようです。はてなブログや、はてなダイヤリーといった、はてなブックマークと同じ運営会社のブログサービスは、設定は必要ありません。詳しくは、「はてなブックマークヘルプ-コメント一覧非表示機能について」を参照してください。

http://b.hatena.ne.jp/help/entry/nocomment

無料ブログのテーマ編集は、こちらで詳しく解説されています。

http://hapilaki.hateblo.jp/entry/check-hatena-bookmark

Section 参考-04 ソーシャルメディアとはてブを連携する

はてブでブックマークすると同時に、Twitterにも情報を投稿できるようにしておきましょう。

はてブと同時にソーシャルメディアにシェアできる

　はてブとソーシャルメディアの連携設定をしておくと、Google Chromeのエクステンションや、スマートフォンのアプリからはてブをする際に、Twitterにも投稿できるようになり、便利です。

SNSにチェックを入れてはてブする

SNSに投稿される

はてブとTwitterを連携する

　手順通りにクリックしていけば、ソーシャルメディアとはてなブックマークの連携作業ができます。

1 PCブラウザで、はてなブックマークとTwitterにログインしておく。

2 はてなブックマークのトップページ（http://b.hatena.ne.jp/）にアクセスし、上部メニューバーの「設定」をクリックする。

クリックします

3 Twitterのタブをクリックして、「Twitterアカウント認証」ボタン→「Twitter認証画面に進む」→「連携アプリを認証」を順にクリックする。

4 「タイトルの有無:」だけチェックして、一番下の「変更する」をクリックする。Twitterとの連携が完了する。

5 Google Chromeのエクステンションやスマートフォンのアプリから、はてブをする際に、Twitterにも投稿できるか確認する。

※2021年8月現在、はてブとFaceBookは連携できません

ブログの状態をチェックする

記事を書いたら、アクセス解析でチェックする習慣をつけましょう。ページビュー数やフォロアー数が急に増えたら、増えた原因をつかんで、ブログにフィードバックするのです。チェックと改善を繰り返して、読者を増やしましょう。

Section 05-01 自分のブログを客観的に評価する

ブログの状態は常にチェックしましょう。目の前の事実を客観的に見つめ、良い所は伸ばし、悪いところは修正すると、ブログは速く成長します。時にはつらいこともあるかもしれません。現実を直視し、すべてを自分の成長の糧にしていくマインドを持ちましょう。

ブログは楽しく、チェックは厳しく

　ブログ記事を上手く書けるようになってくると、ブログが楽しくなってきます。記事数はドンドン増えていきます。しかし、読者がどう感じているかは別問題です。ブログの状況は、しっかり確認しましょう。

　ブログは仮説と検証の繰り返しです。記事を書きっぱなしでは進歩はありません。喜んで読んでもらえるだろうとポストした記事に、実際にどんな反応があったのかを、客観的に確認しましょう。今後の改善を考える材料になります。

　ネット上に記事を公開している以上、誰かに読まれます。反応は覚悟しないといけません。一生懸命書いた記事にひどいコメントが来ることがあります。まったく読まれないこともあります。目をそらしたくなることもあるでしょう。反応を真摯に受け止め、自分の成長の糧にできる人は強いです。

変化を見逃さない

　アクセス解析は、毎日確認しましょう。アクセス解析は、ブログの聴音機のようなものです。ブログに起きた変化を読み取れます。アクセス解析は、「Google Analytics」が高性能でお勧めです。ブログサービスに付属のアクセス解析で確認しても良いでしょう。ブログを読んでくれている人がいると、嬉しいと同時に身が引き締まります。

原因は必ず究明しよう

　毎日アクセス解析をチェックしていると、大きな変化が発生することがあります。何かしら状況が変化したということです。必ず原因を究明しておきましょう。

　ブログを成長させるノウハウは、本書やネット上の情報がすべてではありません。自

分のブログで起きている現象の中に、成長のヒントはたくさん存在します。

毎日チェックしながら、独自の施策を考えて実践→チェックを繰り返すことが、ブログを成長する一番確実な方法です。

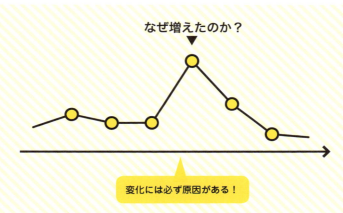

ブログの方向性は読者が決める

アクセス解析などでブログへの反応をチェックしていると、予想外のところに読者が食いついてくることがあります。なんとなく書いた記事にアクセスが集まったり、逆に気合を入れて書いた記事に、反応がまったくなかったりします。

自分の信念を持つことは大切ですが、読者の反応を見ながら、自分を変えていくことも大切です。読者なくしてはブログ運営は成り立ちません。人は社会的な生き物であり、他人との関わりなしでは生きていけません。ブログを読者の好みに合わせていくことは、普通のことです。

自分の本当の強みは、案外自分が意識していないところにあるものです。読者の反応を見ながら、本当の自分を探しに行く。ブログの醍醐味の一つです。

> **MEMO**
> **パートナーに読んでもらう**
> 著者のブログは妻が読んでくれていて、誤字や変な言い回しがあると、すぐに指摘してくれます。妻が読んでいるため、非常識な内容は書けません。ブログを運営していると、過激な発言をしたくなることもあります。妻のチェックが防波堤になっているのです。

Section 05-02 Google Analyticsを設定する

ブログ運営に慣れてきたら、Google Analyticsを導入しましょう。Google Analyticsは、Googleが提供する高性能なアクセス解析ツールです。無料で利用できます。

Google Analyticsで何ができる？

Google Analyticsでは、ページビュー数の時間変化や、アクセス流入元、デバイスの種類、リピート率などの基本的な数値の他に、読者の性別や年齢、興味といった、どうやって調べているのかわからないような情報も調べられます。一番面白い項目は「リアルタイム」です。アクセスしている人数や、閲覧されている記事、アクセスの流入元などをリアルタイムで確認できます。Google Analyticsの性能はトップレベルで、無料で利用できます。遠慮なく利用させてもらいましょう。

アカウントを作り、ブログを登録する

Google Analyticsを利用するためには、最初に設定が必要です。Googleアカウントが必要です。持っていなければ、同時に作ってしまいましょう。

1 Google Analytics（https://www.google.com/intl/ja_JP/analytics/）にアクセスして、画面右上の「ログイン」からGoogleアカウントを使ってサインインする。Googleアカウントを持っていない場合は、「アカウント作成」から新規登録する。

アカウントを持っていない場合はクリックします

クリックしてサインインします

2 画面右の「Googleアナリティクスの使用を開始」にある「お申し込み」をクリック。

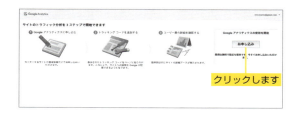
クリックします

Google Analyticsを設定する　Section ▶ 05-02

3 アカウント名（自分の名前など）、ウェブサイト名（ブログ名）、ウェブサイトのURL（ブログのURL）、業種（ブログのテーマ、迷ったら「その他」）、レポートのタイムゾーン（日本）を設定する。

4 一番下の「トラッキングIDを取得」をクリックする。利用規約について表示されたら「同意する」をクリック。

5 「ウェブサイトのトラッキング」にあるコードをコピーしてブログに設置する（下記参照）。

6 上部の「レポート」をクリックすると、レポート画面に移動できる。

トラッキングコードをブログに設置する

　上記手順 **5** でコピーしたトラッキングコードをブログに設置すると、データの収集が始まります。トラッキングコードの設置場所は、ブログサービスやWordPressテーマによって異なります。各ブログサービスやテーマで指定があれば、従ってください。

　WordPressテーマで特に指定がない場合は、ヘッダやフッタ部にテキストウィジェットを設定して、トラッキングコードを設置します。または、header.phpや、footer.phpの子テーマを作って、コードをペーストします。フッターだとデータを取りこぼす可能性があるので、header.phpの</head>の直前に設置するのがお勧めです。

159

Section 05-03 Googleサーチコンソールを設定する

Googleサーチコンソールは、以前は「ウェブマスターツール」と呼ばれていました。Googleとブログの情報を交換しあうためのサービスです。検索で問題が発生した時に役に立ちます。Google Analyticsと連携しておくと便利です。

Googleサーチコンソールでできること

Googleサーチコンソールは、Google Analyticsと同じく、Googleが提供するサービスです。無料で利用できます。Googleサーチコンソールは、Googleにブログの情報を送ったり、Google検索でのブログの状態を示してくれます。主な機能は下記の通りです。

■サイトマップ

サイトマップを登録すると、ブログの更新情報をGoogleに流せるようになります。

■Fetch as Google

記事単位でGoogleにインデックス（データ取得）を依頼できます。

■ペナルティの警告受け取り

スパムなどによるペナルティを受けると、警告が来ます。

■検索アナリティクス

検索キーワードを知ることができます。最近は検索エンジンのSSL化により、アクセス解析で検索キーワードが取得できないため、貴重な情報となりました。平均順位も見れます。

この他にも、困ったときに助けてくれる機能がたくさんあります。特に、Google側からペナルティの警告を直接受け取れるのは、画期的です。以前はランキングが急落しても、Google側で何が行われているかを知る術はありませんでした。なるべく早めに設定をしておきましょう。

Googleサーチコンソールにブログを登録する

Googleサーチコンソールにブログを登録し、設定します。

1 ウェブマスターページ（https://www.google.co.jp/intl/ja/webmasters）にアクセスし、「SEARCH CONSOLE」をクリックする。

2 フォームにブログのURLを入力して、「プロパティを追加」をクリックする。

3 ブログの所有権を確認する。**1.** リンクをクリックしてHTML確認ファイルをダウンロードして、**2.** ブログのトップディレクトリにアップロードする。完了したら、**3.** ファイルへのリンクをクリックして確認する。「私はロボットではありません」にチェックを入れ、「確認」をクリックすれば完了。

Google AnalyticsとGoogleサーチコンソールを連携する

　Google Analytics（158ページ参照）とGoogleサーチコンソールを連携しておくと、Google Analytics上で検索キーワードを確認できるようになります。

1 Google Analyticsの解析画面を開き（158ページ参照）、左サイドバーの「集客」→「検索エンジン最適化」→「検索クエリ」をクリックする。

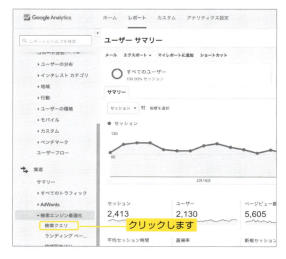

2 「このレポートを使用するには、Search Consoleの統合を有効にする必要があります。」と表示される。「Search Consoleのデータ共有を設定」をクリックする。

3 画面下までスクロールし、「Search Consoleを調整」をクリックする。

4 「Search Consoleの設定」にある「編集」をクリックする。

5 Search Console側にある同じブログのURLを探し、左側のラジオボタンにチェックを入れる。

6 一番下の「保存」ボタンをクリックする。

7 関連付けの追加の確認ウィンドウが表示される。「OK」をクリックすると設定が完了する。

> **MEMO**
>
> **設定が難しいなら**
>
> Google AnalyticsとGoogleサーチコンソールは上級者も使うツールです。設定や設置が難しいと感じたら、ブログ運営に慣れてきた頃に設定しましょう。まずは、使用しているブログサービスに付帯しているアクセス解析や、WordPressならアクセス解析プラグインを利用すれば、簡易的なアクセス解析が可能です。プラグインは、「Jetpack」「WP SlimStat」などがお勧めです。

Section 05-04 アナリティクスでチェックするポイント

アクセス解析のすべての項目をチェックする必要はありません。まずはおおまかに確認して、大きな変化があれば、詳細をチェックと良いでしょう。その代わり、毎日チェックする習慣をつけましょう。何かトラブルが起きてもすぐに対応できます。

毎日チェックする項目① 全体のアクセス数

「ページビュー数」は毎日確認して欲しい項目です。ページビュー数が急激に増えたり減ったりした時は、必ず原因を明らかにしておきましょう。

■増加した理由を考える

- 有名人のソーシャルメディアでブログ記事がリツイートされてバズった
- はてなブックマークのホッテントリに掲載された
- 有名なブログやサイトで紹介された
- 検索エンジンで順位が上位に上がった
- アクセス解析のコードを2つ設置してしまった　　　　　……など

■減少した理由を考える

- Google検索で順位が下がった
- 休日でユーザーのネット利用が減った
- サーバーが落ちた
- ドメインの更新を忘れて失効した　　　　　　　　　　　……など

アクセスが増えた原因がわかれば、同じように次も狙ってみると良いでしょう。例えばソーシャルメディアでバズったのであれば、再びソーシャルメディアでバズるような記事をポストしてみましょう。

アクセス数が急激に減ってしまったら一大事です。一番多い理由は、Google検索順位の下落です。検索順位は永遠ではありません。サーバーが落ちていたり、うっかりドメインを失効していないかも、十分注意してください。

毎日チェックする項目②　リアルタイム

　時間があれば、リアルタイムを眺めてみましょう。現在アクセスされているページ、アクセス元、検索キーワードの変化をリアルタイムで見ることができます。

　新しい記事を投稿した直後に、Feedlyから一気にアクセスが増えたり、TwitterやFacebookでのコメントから徐々にアクセス数が増えていく様子など、生々しいアクセスの様子を観察できます。

毎日チェックする項目③　検索キーワード

　検索経由の読者が、どんなキーワードで検索して訪問しているかは、常にチェックしておきましょう。最近は一部の検索エンジンしかキーワードが取得できません。Googleサーチコンソールを使えば、3日遅れでキーワードとクリック数を確認できます。GoogleサーチコンソールとGoogle Analyticsを連携しておくと（連携方法は162ページ参照）、Google Analyticsで検索キーワードを確認できるので便利です。

　記事を書く際に「こんなキーワードで検索されたらいいな」と考えていた場合は、後日、キーワードで検索して、検索結果の上位に表示されているかを確認します。ただし、Googleにログインした状態で検索すると、パーソナライズされたランキングになってしまいます。ブラウザにブックマークレットを登録して、パーソナライズを簡単にオフにする方法があります。ブラウザをシークレットモードにして検索する方法もあります。パーソナライズされていない検索結果を確認しましょう。

> **本当の検索順位を知る方法　googleパーソナライズド検索を無効**
> http://www.wakatta-blog.com/google_7.html

MEMO

ドメイン失効の悪夢

筆者は、「カエレバ」（http://kaereba.com）という、アフィリエイトリンクを簡単に生成できるサービスを運営しており、多くのブロガーに利用してもらっています。ところが、このサービスのドメインの更新を忘れてしまったことがあるのです。
名古屋のブロガーイベントに新幹線で移動中に発覚しました。Twitter経由で、ユーザーさんから「カエレバが落ちてます」というツイートが来ました。おかしいな？と思ってアクセスしてみると、女性の写真が……。この画面は、ドメインが期限切れしたときのものです。慌てて調べてみると、前日でドメインの期限が切れていました。
幸いにも、現在はドメイン更新を忘れても、1〜2週間以内であれば復活できることがわかりました。せっかくのブロガーイベントも上の空。一緒に参加したブロガーに協力してもらい、ドメインはイベント中に復旧できました。それからは、主要なサイトのドメインは自動更新に設定しています。

Section 05-05 TwitterとFacebookのページ解析

> TwitterとFacebookでは、自分の発言がどのように拡散したかを解析できます。反応を確認すると、人々の興味をつかみやすい発言の傾向を知ることができます。

個別のツイートの「ツイートアクティビティ」を表示する

　Twitterのツイートアクティビティとは、個々のツイートへの反応を確認できる機能です。PC、アプリ両方から確認できます。

1 Twitterのアナリティクスページ（https://analytics.twitter.com）へアクセスし、Twitterアカウントでログインする。

2 手順1でアナリティクスが有効になったら、ツイートの下にアイコンが表示される。これをクリックする。

3 ツイートの解析が表示された。

■ ツイートアクティビティで確認できる項目

ツイートアクティビティからは以下のことがわかります。インプレッション数が多くても、エンゲージメント数が少ないと、読者を動かせていないことになります。

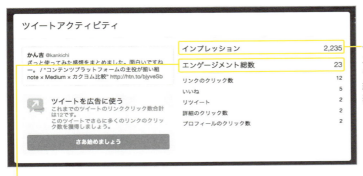

インプレッション
ユーザーのタイムラインまたは検索結果にツイートが表示された回数

エンゲージメント総数
ツイートに対して行われた反応の総数です。下記の種類の反応がわかります。

リンクのクリック数	ツイート内のリンクまたはカードをクリックした回数
いいね	ユーザーがツイートを「いいね！」した回数
リツイート	ユーザーがツイートをリツイートした回数
詳細のクリック数	詳細を確認するためにツイートをクリックした回数
プロフィールのクリック数	ツイートしたユーザーの名前、@ユーザー名、またはプロフィール画像をクリックした回数

Twitterの通知欄でエンゲージメントを確認する

ウェブページの上部、アプリの下部にある「通知」を開くと、読者からのエンゲージメントの内容を、時系列順に確認できます。

ウェブページ（PC）の通知

スマホアプリの通知

Twitterのフォロアー数変化を調べる

アナリティクスページ（https://analytics.twitter.com）では、パフォーマンスの時間変動などを確認できます。過去3カ月分であれば、Twitterのフォロアー数の変化も調べられます。

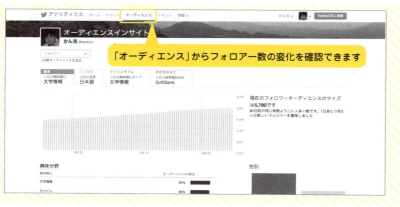

「オーディエンス」からフォロアー数の変化を確認できます

■Twilog（ツイログ）で3ヶ月以上前の変化を見る

3ヶ月より過去のTwitterのフォロアー数の変化を記録しておきたければ、Twilog（ツイログ http://twilog.org/）が便利です。登録しておくと、登録してからのフォロアー数を毎日記録してくれます。

Twitterアカウントで認証すると、利用できるようになります。Statsからフォロアー数の推移を確認できます

MEMO

フォロアーの増減があるのは当たり前

ソーシャルメディアは、毎日フォロアーが増えたり減ったりします。フォローするもしないも読者の自由です。一度フォローしても、ちょっと違うかな？　と思えばフォローを外すことはよくあります。いきなり多くの人数が減ったりして、がっかりすることがあるかもしれません。一喜一憂せずにいきましょう。中長期のスパンでフォロアーが増えていれば問題はありません。

Facebookページを解析する

Facebookページで、画面上部の「インサイト」をクリックします。インサイト機能では、Facebookページへのアクセスの内容を確認できます。

1 インサイトを開いて最初に表示される「概要」ページで「いいね！」された数、リーチ数、エンゲージメント数など、重要な値はほとんど確認可能。各項目を詳しく調べたい場合は、左側のメニューから項目を選択する。

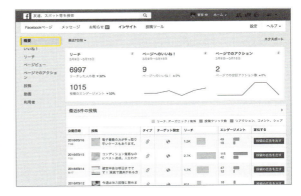

2 特に調べておいて欲しいのが「いいね！」の変化。フォロアー数の増減をチェックできる。大きく増えときと、減ったときに何があったのかをチェックしよう。

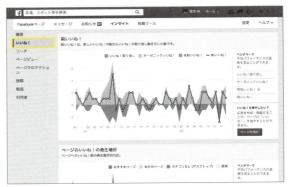

3 「利用者」では、Facebookページのフォローの性別と年齢、地域を確認できる。もし、想定していたターゲット層とギャップがある場合は、情報発信の内容を見なおすことを検討しよう。

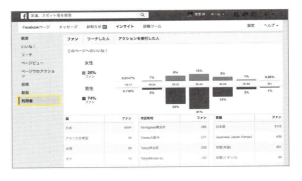

Section 05-06 ソーシャルコメントを確認する

記事へのコメントは積極的に読みましょう。中には批判的なコメントもあります。あなたのために時間を作ってわざわざ書き込みしてくれたものです。しっかり読んで、自分のブログの糧にしていきましょう。

ブログ記事をシェアしてくれているツイートを探して読む

ブログドメインや記事のURLをTwitterの検索欄に入力し、「すべてのツイート」をクリックすると、ブログを紹介してくれているツイートが表示されます。なお、一定時間が経ったものは検索できないようです。

Facebookでのシェアを調べる

FacebookはTwitterのようにURLを検索してシェアを探せません。Facebookページへの投稿のシェアなら確認できます。Facebookページの投稿の下部に、「シェア○件」の表示があれば、クリックすることでシェアの内容を確認できます。

MEMO
Facebook上でのコメントに注意

筆者はFacebookの個人アカウントをクローズドにしています。ブログや色々なソーシャルメディアを運営していて、一つくらい秘密な場所が欲しいという思いからです。毒舌が多く、妻ともフレンドになっていません。
ところが、自分はクローズな状態であっても、オープンにしている人の発言に対して書き込んだコメントは、オープンになってしまいます。それを知らず、知人のコメント欄で毒舌なコメントをしたら、広く読まれてしまって、反省しました。口は災いの元です。

はてなブックマークのコメントを確認する

はてなブックマークのコメントは、ブログに設置したはてブカウンターから確認します。はてなブックマークのカウンターをクリックすると、コメントが表示されます。ユーザー数をクリックすると、別ページに移動して、すべてのコメントが読めます。

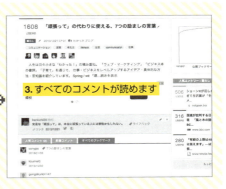

■ブラウザのメニューバーやブックマークレットから確認する

Chrome、Fifefox、Safariのブラウザには、はてなブックマークの拡張機能（エクステンション）が用意されています。確認したいページを開いてアイコンをクリックすればコメントを読めます。スマートフォンからは、iPhoneはブックマークレットから確認できます。Androidはコメント確認アプリがあります。

iPhone用のブックマークレット
http://b.hatena.ne.jp/help/entry/touch/bookmarklet

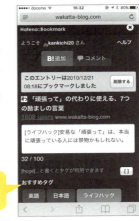

Section 05-07 具体的な行動目標を立てよう

こうすれば必ずブログの読者が増えるという方法はありません。やってみないとわからないのが実情です。ページビュー数などの数値目標を立てても、絵に描いた餅に終わることが多いです。数値目標ではなく、具体的な「行動目標」を立てましょう。行動目標を達成できるかは自分次第です。自分で制御できる目標の方が、モチベーションを保てます。数値目標は、ブログが成長し始めてから考えましょう。

ページビューは目標にならない

会社などでは「売り上げ○△万円」のような、具体的な数値で営業目標を立てることが多いです。商品と価格、営業マンの人数から、チャレンジできる売上目標の予想ができるからです。

しかし、ブログでは行動に対する予想がしにくいです。100記事ポストしても読者が増えないことはあります。1記事で10万ページビューを獲得できることもあります。よって、「目標は月30万ページビュー」と掲げたところで、具体的な目標にはなりません。

目標値を無理やり達成するために、本来目指していない内容の記事に走ってしまうこともあります。ブログは「好きなことだけできる」はずなのに、ブログで消耗してしまっては、本末転倒です。

行動目標を目指す方が健全

ブログでは、ページビューなどの数値目標を立てるよりも、数値目標を達成するために必要な活動を考えて、「行動目標」に落とし込みましょう。

「月30万ページビュー」ではなく、「月30記事をポストする」「週に本を1冊読んで書評記事を1記事書く」「タイトルロゴを作りなおす」「記事に最低一枚写真を入れる」といった、具体的な行動を目標にするのです。

数値目標だと、月の途中で全く達成できないことが判明すると、モチベーションが下がってしまいます。一方、行動目標であれば、最後までやり遂げられます。

成長タームでは数値目標もアリ

　ブログが上手く回ってきて、ブログ記事をポストするたびに読者が増えていく段階になれば、数値目標を立てても良いでしょう。目標を達成するためにすべきことが、ある程度予想できるからです。

　例えば、ブログを毎日更新して、一週間にTwitterのフォロアーが100人増えてきたのであれば、次の週も毎日更新することで、100人くらいフォロアーが増えるでしょう。更新頻度を増やしたり、Twitter上でのリツイートを増やせば、もっとフォロアーが増えるかもしれません。チャレンジングな目標を立てて、達成していくことで、自分の殻を破っていきましょう。

ブログの状況を公開することについて

　ブログのページビュー数などを定期的に公開することは、決して悪いことではありません。ただし、ページビューが少ない状況で公開してしまうと、人気のないブログですよとアピールするようなものです。効果的に公開して実力を示すことで、ブログの信用が増します。3万ページビュー、10万ページビューなどの切りの良いところで公開してしてみると良いでしょう。なお、最近は収益額を公開しているブログが多いですが、お勧めしません。人々のモチベーションは金銭が絡むと減退するからです。せっかく増えた読者が去って、代わりに同業ブロガーが集まってきてしまいます。

> **MEMO**
>
> **わかったブログは一時期フォロアー数を目標にしていた**
>
> 2010年10月ころ、Twitterのフォロアーは600人程度でした。読者が増え始め、1年後には3,000人を超えました。当時の日記を読み直すと、2011年1月は400人近くフォロアーが増えました。3ヶ月ごとにフォロアーの目標値を決めて、目標を達成できるように頑張っていました。
> なぜTwitterのフォロアー数を目標にしていたかというと、リピーター（ファン）数の代わりの指標になると考えたからです。毎日増え続けるフォロアー数を励みに、毎日更新していました。

Section 05-08 Google Analyticsの目標機能を利用しよう

Google Analyticsの「目標」機能はぜひ利用しましょう。ブログの目標は、ただページビューを増やすことではありません。読者にしてもらいたいことを目標として設定すると、ブログ全体で何を改善すべきかが見えてきます。

Google Analyticsで設定できる「目標」

Google Analyticsは、「目標」を設定しないと使う意味がないとさえ言われています。必ず利用したい機能です。

Google Analyticsで設定できる目標は以下の4種類があります。

- 到達ページ（申し込み完了ページなど）
- 滞在時間（何分以上滞在で達成）
- ページビュー数/スクリーンビュー数（何ページ以上閲覧で達成）
- イベント（クリックなど）

もし、ビジネス目的でブログを運営しているのであれば、商品購入ページや、問い合わせページへの到達数を目標に設定することが多いでしょう。では、ブログの場合、何を目標に設定すれば良いのでしょうか？

ブログの目標を「プロフィールページへの到達」に設定する

本書の目的は「人気ブロガー」になることです。ブログの形式は、専門ブログでも雑記ブログでも構いません。リピーター（ファン）が多いブログを育てることを目指しています。

リピーターを増やす一番良い方法は、読者が喜ぶ記事をポストすることはもちろんのこと、読者にブロガー自身のことを良く知ってもらうことです。

ブロガーのプロフィールページを読んでもらえると、読者とブロガーの距離が一気に縮まります。書き手の素性を知ってもらうことで、記事の信用が上がります。

Google Analyticsの目標には、プロフィールページへの到達を設定しておくことをお勧めします。

目標の設定方法

プロフィールページへの到達を目標に設定します。

1 Google Analytics管理画面の上部メニューバーの「アナリティクス設定」をクリックする。「+新しい目標」をクリックする。

2 目標設定画面で「カスタム」にチェックを入れ、「続行」ボタンをクリックする。

3 目標の設定画面で、「名前」に目標の名前を入力する。タイプは「到達ページ」にチェックを入れ、「続行」ボタンをクリックする。

4 到達ページに、プロフィールページのURLを入力して、「保存」をクリックすると、設定完了。

目標を見る

設定したその日からデータ収集を開始します。目標達成数の変化を観察して、大きな変化があったら、原因を探ってみましょう。

メモ機能を利用する

アクセス数に影響が出そうな行動をしたときは、メモ機能に書き残しておくと便利です。例えばプロフィールページへのリンクのテキストを変更したら、その旨をメモしておくと、後でアクセス数に変化があったときに、原因を考える材料になります。

1 「目標URL」ページのグラフの下中央部の▼マークをクリックすると、右端に「+新しいメモを作成」が表示される。これをクリックする。

2 日付とメモを記入して、「保存」をクリックする。

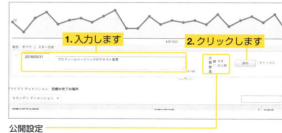

公開設定
共有ユーザーに見せたくなければ「非公開」にしてください。

> **MEMO**
> **クリックもカウントできる**
> Google Analyticsでは、ハイパーリンクにトラッキングコードを設置することで、クリック数を測定できます。クリック数を目標に設定することもできます。
> ブログ外へのリンクのクリックを測定したいケースは多いです。例えば、アフィリエイトリンクなどです。Google Analyticsで詳しい分析が可能です。

Section 05-09 Serposcopeを利用しよう

記事数が増えてくると、検索エンジンでランキング上位に表示される記事が出てきます。集客力が大きいキーワードで上位表示されると、アクセスが増えます。キーワードのチェックには「Serposcope」がお勧めです。

Serposcopeをインストールする

「Serposcope」は、指定したキーワードの検索順位を毎日チェックしてくれます。しかも無料です。英語表記ですが難しい単語はないので、ぜひ利用してみてください。

1 PCから https://serpscope.serphacker.com にアクセスして、「Download」をクリックする。

クリックします

2 Windowsは「32 bits & 64 bits version(recommended)」を、Macは「jar（Mac, other Linux...）」をクリックしてダウンロードする。

3 ダウンロードしたファイルをダブルクリックで起動して、インストールする。

Windowsの場合
すべて「Next」をクリックしていけばインストールが完了します。もしJavaのインストールが必要という表示が出たら、Javaの最新版をインストールしてください。

Macの場合
ターミナルを起動して、Javaが最新かどうかをチェックしてください。Ver.1.8以上なら問題ありません。もしバージョンが古ければ、Mac OS版の最新版をダウンロードしてインストールしてください（http://www.oracle.com/technetwork/java/javase/downloads/jdk8-downloads-2133151.html）。
serposcope-x.x.x.jarをダブルクリックして起動します（何も起きません）。その後、ブラウザで http://127.0.0.1:7134/ にアクセスしてください。

4 メールアドレスとパスワードを設定する。

基本設定

1 上部メニューの「ADMIN」をクリック。

2 「SETTING」の「GENERAL」をクリック。

3 CRONタイム（データを取得する時刻）を設定する。一番下の「Save」ボタンをクリック。

4 上部メニューの「ADMIN」をクリック→「GOOGLE」をクリック。

5 「DEFAULT SEARCH OPTIONS」の「TLD」欄をco.jpに書き換える。「Save」ボタンをクリック。

キーワード設定と調査

1 上部メニューの「GPO UP」→「New group」をクリックして、グループ名を入力（なんでも良い）する。「Save」をクリック。

2 「Add Website」ボタンをクリックして、順位をモニターしたいサイトの名前とドメインを入力する。2つのボタンはどちらを選択してもOK。「Save」をクリック。

3 「Add search」ボタンをクリック。下部の「Bulk Inport」ボタンをクリックし、チェックしたいキーワードを入力する。複数のキーワードをまとめて入力できる。「Save」をクリック。

 →

4 上部メニューの「CHECK RANKS」→「Check all keywords」をクリック。順位チェックが始まる。順位チェックが完了したら、データを見られるようになる。

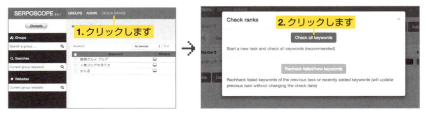

データの読み方

ホームページ（http://127.0.0.1:7134/）から、確認したいブログ名をクリックすると、日付ごとの順位をチェックできます。

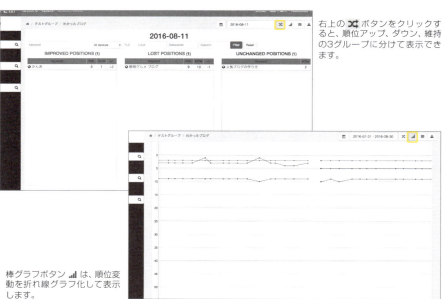

右上の ⚡ ボタンをクリックすると、順位アップ、ダウン、維持の3グループに分けて表示できます。

棒グラフボタン 📊 は、順位変動を折れ線グラフ化して表示します。

Part 6

ブログのユーザビリティ
を高める

いくら良い記事をポストしても、読みにくいと最後まで読んでくれません。特に最近は、スマートフォンの普及で、6〜7割の人がスマートフォン経由でブログを読んでいます。PCだけでなく、スマートフォンの小さなディスプレイでも快適に読めるよう心がけましょう。

Section 06-01 「スマホファースト」の視点でブログを運営する

多くの読者がスマートフォンでブログを読んでいます。PCよりも、スマートフォンでの読みやすさを優先しましょう。ブログのテーマはスマホ対応しているものを選びましょう。

ブログアクセスの6～7割はスマホ経由の時代

Google Analyticsなどのアクセス解析で、スマートフォンからのアクセス率を調べてみてください。割合の高さにびっくりするはずです。

「メディア定点調査2015」によれば、東京、大阪、愛知といった人口の多い大都市のスマートフォン所有率は60％を超え、地方である高知でも50％を超えています。ちょっとした調べ物や、ニュースを読みたいとき、手元のスマートフォンで済ませてしまいませんか？ わざわざパソコンがある場所まで移動して、電源を入れる必要はありません。読者の多くがスマートフォンでブログを読んでいることを念頭に置いておきましょう。

スマートフォン・タブレット端末所有率の時系列推移：4地区
スマートフォンの所有率は著しく伸長し、5年間で7倍強。2015年、東京では69.2％と7割に迫る。
タブレット端末の所有率も順調に伸長し、東京は約3割。

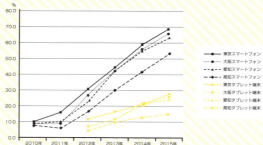

	2010年	2011年	2012年	2013年	2014年	2015年
東京スマートフォン	9.8	16.5	31.0	45.0	59.1	69.2
大阪スマートフォン	8.1	8.7	26.8	42.1	55.9	66.1
愛知スマートフォン	8.2	10.5	23.2	42.4	54.6	63.3
高知スマートフォン		6.1	16.6	30.2	41.7	53.6
東京タブレット端末			11.6	16.2	20.9	27.5
大阪タブレット端末			7.2	11.5	20.3	25.8
愛知タブレット端末			7.2	12.0	21.9	24.2
高知タブレット端末			4.4	9.8	13.0	14.9

N数	東京	大阪	愛知	高知
2010年	2,112	1,663	1,678	1,648
2011年	2,127	1,736	1,664	1,595
2012年	2,076	1,712	1,711	1,691
2013年	1,899	1,615	1,596	1,537
2014年	2,085	1,636	1,619	1,538
2015年	1,844	1,693	1,538	1,568

博報堂DYメディアパートナーズのメディア環境研究所「メディア定点調査2015」より
http://www.hakuhodody-media.co.jp/wordpress/wp-content/uploads/2015/07/HDYmpnews201507071.pdf

Google Analyticsでモバイル率を調べる

　Google Analyticsを使って、ブログの読者のモバイル率を確認します。Google Analyticsの導入は158ページを参照してください。

1 レポート画面のサイドバーで「ユーザー」→「モバイル」→「サマリー」をクリックすると、mobile、tablet、desktopからのアクセスを確認できる。

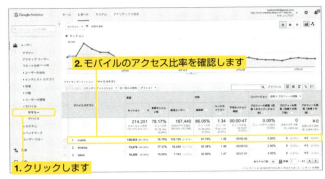

2 中央右側にある⚫ボタンをクリックすると、mobile、tablet、desktopの比率を円グラフで視覚的に見ることが可能。

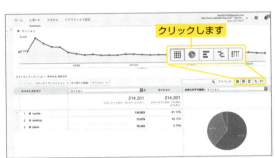

■ モバイルの機種名を調べる

　左サイドバーの「デバイス」で具体的な機種名を確認できます。⚫ボタンをクリックすると、比率を円グラフで視覚的に見ることが可能です。

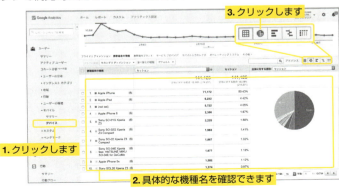

記事は必ずスマホから確認する

記事を書いたら、必ずスマートフォンで表示を確認しましょう。PCよりもスマートフォンで読む人の方が圧倒的に多いのですから、スマートフォンの表示の方が重要です。PCで確認してOKでも、スマートフォン上だと表示が崩れていることがあります。PCで気付けなかった誤字や脱字、おかしい文章を見つけられるので、一石二鳥です。

レスポンシブデザインでスマホ対応

スマートフォンのデザインをPCと同じにしてしまうと、細かくて読みにくいです。スマートフォン専用のデザインを用意しましょう。無料ブログサービスは対応されてるはずです。WordPressも、専門家が作ったテーマであれば、スマートフォン対応されていることがほとんどです。

スマートフォン対応されていないテーマを使っている場合の対処法

お使いのWordPressのテーマが、スマホ対応されていない場合は、簡易的に自前で対応できます。mobile.cssファイルを作って、スマートフォンからアクセスがあった場合、mobile.cssで上書きする方法が、一番簡単です。サムリブログ（http://samuri-blog.net/）で紹介されている方法を参考に設定してみましょう。

1 ヘッダに、下記のviewportとcss切替えのタグを設置する。

```
<meta name="viewport" content="width=device-width; initial-
scale=1, minimum-scale=1, maximum-scale=1, user-scalable=no" />
<link media="only screen and (max-device-width:480px)"
href="mobile.css" type="text/css" rel="stylesheet"/>
```

2 モバイル用のcssを作成する。現行のstyle.cssのコピーを作り、width: 〜の部分をすべて100%に、float: 〜の部分をnoneに書き換える。ファイル名を、mobile.cssに変更して、サーバーにアップロードする。これだけで、スマホっぽいデザインになる。

3 デザインが崩れている箇所があれば調整する。ボックス要素が右側に出っ張ってしまう箇所は、margin、padding設定に問題がある場合が多い。問題が起きている要素に、box-sizing: border-box;を指定したり、横方向のmarginを0にすると、うまく収まる。
画像が出っ張ってしまった場合、html上で直接幅を指定せず、画像の幅はcss側から設定する。mobile.cssでwidth:100%にする。
スマホで表示させたくない部分は、display:none;で表示を消せる。この場合はスパムにはならない。
デザイン崩れの原因がわからない場合は、問題がありそうな要素にdisplay:none;を一つずつ順番に設定して、原因箇所を特定する。
アドセンスは固定幅でなく、レスポンシブデザインのコードを利用しよう。

> **MEMO**
>
> **PC版デザインをスマートフォン版と同じにすると……**
>
> PCから読んでいる読者は少ないのに、PC版のデザインを管理するのは効率が悪いです。最近は、PC版のデザインをスマートフォン版のデザインと同じにしてしまうページが増えています。時代の移り変わりを感じます。
>
>
>
> note(https://note.mu/)はスマートフォンとPCのデザインがほぼ同じです。潔さを感じます。

Section 06-02 モバイルフレンドリーテストを実施してみよう

Googleは、スマートフォンからの検索では、スマートフォン対応しているページを上位表示すると公言しています。対応できているかどうかは、Googleが提供しているモバイルフレンドリーテストで確認できます。

モバイルフレンドリーテストのチェックは簡単

モバイルフレンドリーテスト（https://www.google.com/webmasters/tools/mobile-friendly/?hl=ja）のページを開いて、ブログ記事のURLを入力して、「改行」をタップするだけです。

「問題ありません。このページはモバイル フレンドリーです」と表示されればOKです。問題があれば、問題点と対策方法が表示されます。

例えば、全くスマホ対応をしていないサイトだと、このような表示が出ます。184ページの「スマートフォン対応されていないテーマを使っている場合の対処法」を参考に、正しくスマホ対応をしましょう。

新しいモバイルフレンドリーテストのツール

新しいモバイルフレンドリーテストのツール (https://search.google.com/search-console/mobile-friendly?hl=ja) も公開されています。機能はほぼ同じです。

検索画面を確認してみよう

スマートフォンからgoogle検索で、自分のブログを検索してみましょう。「スマホ対応」と表示されていれば、スマートフォン対応できています。また、スマホ対応しても、すぐには反映されません。クロールされるまで数日かかります。

検索結果に「スマホ対応」と表示されていればOK！

Googleサーチコンソールでチェックする

Googleサーチコンソール（160ページ参照）の「モバイルユーザビリティ」の項目からも、モバイルフレンドリーをチェックできます。モバイルフレンドリーテストが1ページずつしかチェックできないのに対し、Googleサーチコンソールでは、全ページのチェックが可能です。目を通しておきましょう。

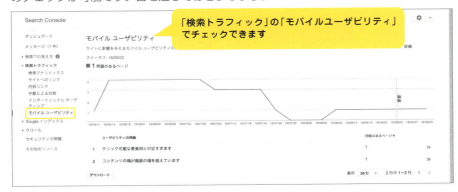

「検索トラフィック」の「モバイルユーザビリティ」でチェックできます

Section 06-03 読みやすいテキストのデザインを考える

読みにくいブログは読者が増えにくいです。文字の大きさや行の高さなどを調整してみましょう。知り合いに見てもらって、読みやすさをチェックしてもらいましょう。

テキストの設定項目

ブログのテキストは、<p>タグで囲われています。CSSで<P>タグをお好みに設定しましょう。既存のブログのデザインを元に、必要あれば追加や上書きで設定すると良いでしょう。主な設定項目は、下記の通りです。

- ①font-size .... 文字の大きさ
- ②line-height .... 行の高さ
- ③letter-spacing .... 文字の間隔
- ④margin .... 段落間の余白
- ⑤font-family .... フォントの種類
- ⑥color .... 文字の色

①font-size フォントサイズの決め方

ブログの文字は、基本的に大きい方が読みやすいです。ただし、大きすぎてもバランスが悪くなります。好みやデザインとのバランスがあるので一概には言えません。パソコンで見たときは一行の文字数が40字くらい、スマートフォンは20文字くらいになるように、フォントサイズを設定すると読みやすいです。フォントサイズの目安は、16〜18pxぐらい（font-size:16-18px）です。

最近の流れとして、パソコン版のテキスト幅はどんどん広くなってきています。記事中の画像サイズを大きくして、読者へのインパクトを強くする傾向にあるようです。ひと昔前は500pxが多かったのですが、最近は700px前後のデザインが増えています。テキスト幅が大きいと、１行の文字数が多くなってしまうため、フォントサイズを大きくしてバランスを取ります。

② ③ line-height letter-spacing 行の高さと文字の間隔

文字が窮屈に並ぶと、読みにくくなります。適度な間隔が必要です。行間は1.5〜2行（line-height:1.5em〜2.0em）、文字間隔は1px空けるだけで（letter-spacing:1px）読みやすくなります。

④margin 一段落の行数と段落間の余白

一つの段落の行数は、PCで3行、スマートフォンで5～6行くらいが読みやすいです。文字数でいうと大体120～140文字までです。これ以上増えると、読みづらくなります。ちょうどTwitterの文字数の上限（144文字）と同じくらいです。これくらいが一番読みやすい文字数なのでしょう。段落間の余白を十分とらないと、文章の構造がわかりにくくなります。2行分（margin:2.0em）くらいはっきり空けるとわかりやすいです。

⑤フォントの種類

フォントの種類は自由に設定できますが、設定したフォントが読者のパソコンにインストールされていないと、代替のフォントになってしまい、デザインが崩れてしまいます。Windows、Macにデフォルトでインストールされているフォントを設定しておきましょう。Windows用にはメイリオ、Mac用にヒラギノ角ゴシック体が無難です。明朝体は、ブログ全体のデザインとのバランスが難しいので、避けたほうが良いでしょう。

⑥color フォントの色

真っ黒ではなく、少しグレー（color:#333333）にしたほうが読みやすいです。

■ **設定例**

以下の例では、<p>タグの文字サイズを大きくして、行間や文字間隔、段落の余白を調整しました。読みやすくなっています。

デザインに迷ったら「ウェブに詳しくない人」に聞いてみる

デザインの設定に迷ったら、家族や知り合いにブログを見せて意見を聞いてみると良いでしょう。なるべくウェブに詳しくない人からの意見の方が参考になります。

Chromeブラウザには、CSSの設定を変更してプレビューできる機能があります。フォントの大きさや行間を変更したページを幾つか用意して、見比べてもらいましょう。

WordPressは子テーマのCSSの設定を変更する

WordPressでCSS設定を変更するには、子テーマを利用します。親テーマをいじって編集してしまうと、テーマがバージョンアップした時に上書きされて、カスタマイズした内容が消えてしまうからです。子テーマの作り方は以下の手順です。

1 WordPressのテーマディレクトリ（/wp-content/themes/）に、子テーマ用のディレクトリを作る。子テーマのディレクトリ名は、{親テーマ名}-childにする。例えば親テーマ名がsimplicityなら、子テーマのディレクトリ名はsimplicity-childになる。

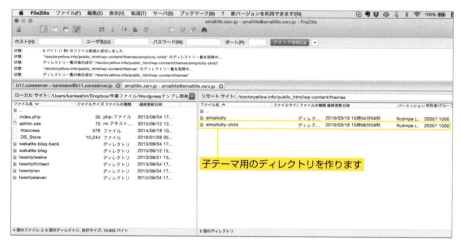

子テーマ用のディレクトリを作ります

2 styles.cssファイルを作り、先頭に下記のように書き込む。Template名は、親テーマのディレクトリ名にする。

```
/*
 Theme Name:   Simplicity Child
 Template:     simplicity
*/
```

3. functions.phpファイルを作り、下記のように書き込む。

```php
<?php
add_action( 'wp_enqueue_scripts', 'theme_enqueue_styles' );
function theme_enqueue_styles() {
    wp_enqueue_style( 'parent-style', get_template_directory_uri() . '/style.css' );
```

4. 手順2～3で作成したstyles.cssファイルとfunctions.phpファイルを子テーマディレクトリにアップロードする。

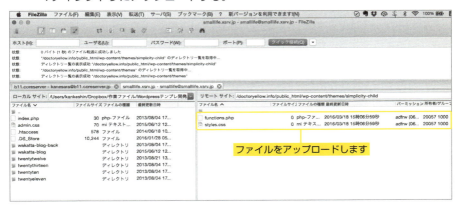

ファイルをアップロードします

5. WordPressの管理画面の左サイドバー「外観」→「テーマ」から、子テーマを有効化すると設定完了。子テーマにカスタマイズ内容を書き込んでいく。

子テーマを有効化します

Section 06-04 ブログの表示速度を上げる

ブログの表示が遅いと、読者は別のブログに移動してしまいます。ブログの表示を早くするために工夫をしましょう。余計なブログパーツの排除、サーバーの強化、キャッシュの導入などが有効です。

余計なブログパーツは外す

外部サーバーからデータを読み込むタイプのブログパーツは、読み込み先の反応が悪いと、表示が遅くなります。ブログパーツの表示が終わらないと次の表示へ進まないため、ページ全体の表示が遅くなってしまいます。非同期通信のパーツであれば、ページの描画とは別に動作するため、ページ表示速度は下がりません。ブログパーツは非同期通信のものを設置しましょう。Google Adsenceは、非同期通信のコードを選択しましょう。ソーシャルカウンターも外部サーバーからデータを読み込むタイプです。大抵のパーツは非同期通信なので、大きなボトルネックになることはありませんが、中には非同期通信でないものがあるので、注意が必要です。

サーバーを強化する

ブログ側でいくら努力しても、レンタルサーバー自体の速度が遅いと、どうしようもありません。レンタルサーバーは1つのサーバーを複数のユーザーで共有しています。料金が安いサーバーはユーザー数が多いので、負荷がかかりやすく、遅くなりがちです。高価なサーバーはユーザー数が少ないため、速度が出ます。サーバーの性能は料金に比例するのです。アクセスが増えてきたら、上位のプランへの移行をお勧めします。とくに、WordPressはページの読み込みがあるたびに、データベースからデータを取得してページを生成する方式なので、負荷がかかりやすいです。遅いと感じたら、上位プランへの移行を検討してみましょう。

> **MEMO**
>
> **MovableTypeはサーバーへの負担が少ない**
>
> WordPressと並ぶ有名なインストール型のブログサービスに「MovableType」があります。MovableTypeはWordPressとは違って、事前にすべての記事のHTMLファイルを生成しておくタイプです。サーバーへの負荷が少なく、低スペックのサーバーでも運営できます。
> ただし、プラグインやテーマの数、ネット上の情報量を考えると、WordPressの方が圧倒的に多いです。わかったブログはMobableTypeで運営していましたが、2012年の春に、WordPressに移行しました。昔から運営しているミニサイトは、いまもMovableTypeで運営を続けています。

ブログの表示速度を上げる　Section ▶ 06-04

■ ブログの表示速度を上げるお勧めレンタルサーバー

エックスサーバー　|　https://www.xserver.ne.jp/

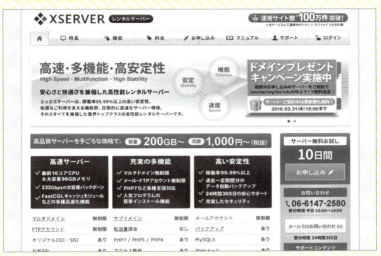

月1,000円で利用できる高性能のサーバーです。一番下のX10のグレードでも、200GBのディスクと50個のデーターベースが利用できます。操作を間違えてデータを消してしまった場合でも復活できます（有料）。10日間のお試しつき。

シックスコア　|　http://www.sixcore.ne.jp/

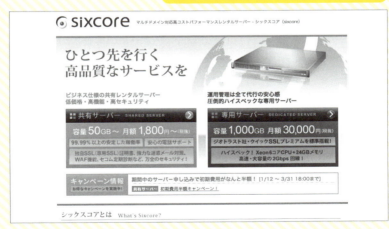

エックスサーバーの上位サーバーです。月1,800円から使用できます。サーバー容量やデータベースの数は少ないですが、サーバー1台あたりのユーザー数が少なく、多くのアクセスをさばいてくれます。アクセス数が増えてきて、エックスサーバーでは不安になってきたらシックスコアへの移動を検討してみましょう。2週間のお試しつき。

WordPressでキャッシュを利用する

前述したように、WordPressはプログラムでページを生成するため、ページビューが多いと処理が追いつかなくなります。対策として、キャッシュプラグインを利用して、生成したページをキャッシュ（一定時間保存）すると、処理量を減らして表示速度を速くできます。お勧めのキャッシュプラグインは「WP Fastest Cache」です。初心者でも安心して利用できます。

■ WP Fastest Cacheを使う

1 WordPress管理画面の左サイドバー「プラグイン」→「新規追加」をクリック。右上の「プラグインの検索」に「WP Fastest Cache」を入力して検索。

2 WP Fastest Cacheの「今すぐインストール」をクリックする。

3 インストールが終わったら、「プラグインを有効化」をクリックする。

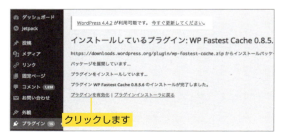

4 サイドバーの「WP Fastest Cache」をクリック。トラのマークが目印。

5 「Setting」タブの一番下の言語を日本語に設定して保存すると、日本語表記になる。

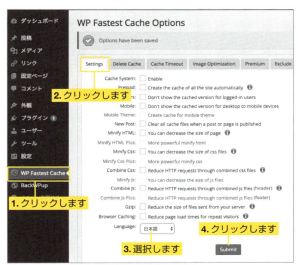

6 「設定」タブの上から3番目の「ログインユーザー」以外のすべての項目にチェックを付けて「変更を保存」をクリックする。レスポンシブデザインなら「モバイル」のチェックも外す。

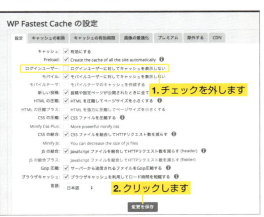

7 テーマなどブログの設定を変更しても、キャッシュが効いて反映されなくなります。「キャッシュの削除」タブを開き、「キャッシュと圧縮されたCSS/JSファイルを削除」をクリックして、キャッシュを削除する。

ブログの表示速度を測定する

　ブログの表示速度が速いほど、読者は快適にブログを読めます。最近は外出先からスマートフォンでブログを読むケースが増えて、通信速度が遅くてもストレスなく見られる必要があります。ブログの表示速度を測定してみましょう。

PageSpeed Insightsを利用して測定する

　「PageSpeed Insights」は、Googleが提供する、ウェブページ表示速度測定ツールです。モバイルとPCの両方のデザインで速度を測定します。結果は100点満点中の点数で示されるため、わかりやすいです。問題箇所と対策を明示してくれます。

　PageSpeed Insights（https://developers.google.com/speed/pagespeed/insights/）を開いて、測定したいウェブページのURLを入力するだけです。「分析」ボタンをクリックすれば、30秒くらいで分析が完了します。

わかったブログの対策前の結果。点数はモバイルとパソコン両方とも50点前後とイマイチ

PageSpeed Insightsの結果からの対策方法

　PageSpeed Insightsで指摘されるポイントは、以下の4点が多いです。

- 画像を最適化する
- スクロールせずに見えるコンテンツのレンダリングをブロックしているJavaScript/CSS を排除する
- 圧縮を有効にする
- ブラウザのキャッシュを活用する

WordPressでの対策方法を紹介します。これらの対策を行った結果、前ページで50点前後だった測定結果が、モバイルとパソコン両方とも80点以上になりました。

■対策① 画像を最適化する

「EWWW Image Optimizer」プラグインをインストールしましょう（プラグインのインストール方法は、194ページのWP Fastest Cacheプラグインの説明を参考）。既存の画像を、画質劣化せずに容量を減らしてくれます。これからアップロードする画像については、その都度容量ダウンしてくれます。素晴らしいプラグインです。

■対策② JavaScript/CSSを最適化する

「Autoptimize」プラグインをインストールしましょう。設定はデフォルトで問題ありません。HTML、CSS、JavaScriptを縮小・最適化することで、ブログの表示速度を向上するプラグインです。ただし、ブログのテーマの構造やブログパーツの種類によって、うまく動作しないことがあります。

■対策③ 圧縮、ブラウザキャッシュを設定する

194ページで紹介した、「WP Fastest Cache」プラグインをインストールしましょう。「Gzip圧縮」と「ブラウザキャッシュ」にチェックを入れましょう。対策の詳細は、「PageSpeed Insightsによるブログの表示速度測定と、高速化方法（http://www.wakatta-blog.com/pagespeed-insights-blog.html）」を参考にしてください。

他のスピード測定ツール

GTmetrix（https://gtmetrix.com/）をお勧めします。ページ読み込みにかかった時間やファイル容量、具体的にどのプロセスで時間がかかっているのかを視覚的に調べることが可能です。

ウォーターフォールで、プロセスの流れを確認できます

ランクも表示してくれます

Section 06-05 記事を見つけやすくする

新着記事はトップページに掲載されて目立つため、よく読まれます。しかし、一定期間が経つと、トップページから外れて、過去記事となってしまいます。読者が過去記事にアクセスできるように、動線を作っておきましょう。

Googleのカスタム検索フォームを設置する

　ブログ内検索のフォームは、必ず設置しましょう。「前に読んだ記事を読みたいけど、見つからない」ケースは、よくあります。

　WordPressでは、標準の検索フォームではなく、Googleのカスタム検索フォームを設置することをお勧めします。Googleの検索フォームの方が、言葉のゆれ等を考慮してくれるため、記事を見つけやすいです。

　Googleカスタム検索フォームをWordPressに設置するには、テーマをカスタマイズする必要があります。具体的な作業方法はテーマによって異なります。ほとんどのテーマの場合、サイドバーのウィジットにあるデフォルトの検索フォームを外して、代わりにテキストウィジットを設置して、Googleカスタム検索フォームのコードをコピペすればよいでしょう。

■Googleカスタム検索フォームの取得方法

1 Google Adsenseにサインインして（228ページ参照）、上部の「広告の設定」をクリックする。

2 左サイドバーの「カスタム検索エンジン」をクリックし、「+新しいカスタム検索エンジン」をクリックする。

記事を見つけやすくする | Section ▶06-05

3 上から、「名前」「検索の対象」「国または地域」「サイトの言語」「エンコード（普通はUTF-8）」を入力。他の設定項目は好みに応じて設定する。

4 一番下の「保存してコードを取得」をクリックすると、検索ボックスのコードが表示される。これをコピーしておく。

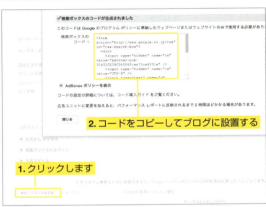

■WordPressのウィジットにGoogle検索フォームを設置する

取得したGoogleカスタム検索フォームのコードをWordPressに設置します。

1 WordPressの左サイドバーから「外観」→「ウィジット」をクリック。「テキスト」ウィジットを、表示させたい場所（ここではサイドバー）にドラッグして設置する。既存の「検索」は削除する。

2. テキスト内のフォームに、コードをペーストして、保存する。フォームの横幅は、コード内にあるsizeで変更できるが、CSSでpx指定をしたほうが確実。

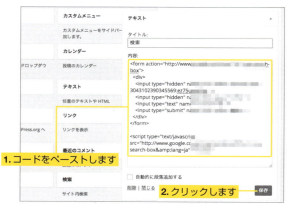

3. ブログを確認する。Googleカスタム検索フォームをサイドバーに設置できた。

記事下に関連記事を入れる

　関連する他の記事を表示すると、読者にとって便利です。ブログ運営側としてもページビューが増えるのでWin-Winです。記事の中で紹介するのが最も効果的です。1人が10ページ読むのも、10人が1ページずつ読むのも、トータルのページビューは同じです。一人の読者に多くのページを読んでもらったほうが、よりメッセージを伝えられます。1人あたりのページビューを増やす努力をしましょう。

　記事の最後に関連記事のリストを掲載すると、効果的です。記事は自分でピックアップしましょう。キャッチ画像とちょっとした概要を添えると、さらに効果的です。地道な作業ですが、ページビューを確実に増やせます。

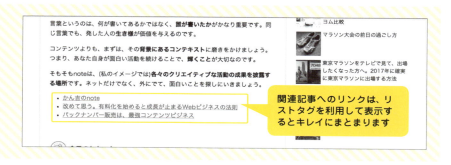

WordPressで関連ページを自動表示させる

　WordPressでは、プログラムを組むことで同一カテゴリやタグの記事リストを表示できます。関連記事を表示する機能が組み込んであるテーマは多いです。ただし、関連記事の数が多いとうっとうしいです。記事数は6〜10個くらいにしておきましょう。

　同一カテゴリーか同一タグの中から記事をランダムに選んで表示することが多いです。カテゴリー分けやタグ付けをしっかりすることで、関連の精度を上げられます。

記事下にサムネイル画像をつけて表示すると効果的！

Googleの関連記事表示パーツなどの外部サービスに期待

　関連の深い記事をプログラム的に解析して表示するサービスが始まっています。Googleは、自社の検索エンジンやAdSenseの技術を利用して、関連記事を表示するパーツを公開しています。精度が上がってきていて、期待できます。ただし、利用するためには、ある程度のアクセス数が必要です。利用できれば、より多くのページを読んでもらえるようになるでしょう。

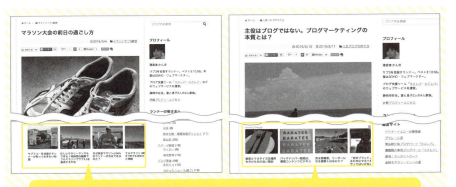

Googleの関連記事パーツの表示例。マラソンの記事にはマラソン関連の記事が、ブログマーケティングの記事にはマーケティング関連の記事が表示されています

カテゴリー分けをしっかりやろう

　カテゴリーが整理されていると、読者が過去記事を探しやすいです。わかりやすいカテゴリー名とカテゴリー階層を作りましょう。Googleがブログの内容を把握しやすくなり、SEOにつながるメリットもあります。

　カテゴリー分けは、論理的に行います。地域で例えると、日本＞中部＞静岡県＞静岡市のように、親カテゴリーが小カテゴリーを含むような構造にします。ブログ記事が増えるにしたがって、カテゴリーが増えていくると、重複が発生します。定期的に見直しをして、理解しやすいカテゴリー構造を維持しましょう。

記事のURLについて

　ブログ記事のURLは、パーマリンクと呼ばれています。permanent（不変）＋link（リンク）の造語です。その名の通り、URLは永久に変えません。ところが、URLの中にカテゴリーの情報を入れてしまうと、記事が属するカテゴリーを変更したときに、URLが変わってしまいます。

　例えば、静岡県静岡市にある「来々軒」というラーメン屋さんの記事を書いたとします。静岡県のカテゴリーに入れたので、下記のようなURLになります。

http://www.wakatta-blog.com/chubu/shizuoka-ken/rairaiken.html

　ところが、記事が増えてきて、静岡県カテゴリーの下に、静岡市という子カテゴリーを作って、そちらに来々軒の記事を移動しようとすると、

http://www.wakatta-blog.com/chubu/shizuoka-ken/shizuoka-shi/rairaiken.html

となり、記事のURLが変わってしまいます。この記事をブックマークして読んでいた読者は、突然記事が消えてしまい、困ります。いいね！数や、はてなブックマーク数もゼロになってしまいます。

　301リダイレクト（引越し先ページに自動的に転送する命令）すれば、検索エンジンの評価を引き継ぐことはできますが、カテゴリー構造の変更のたびに毎回リダイレクトを設定するのは面倒です。

　URLを変えたくなければ、このように、

http://www.wakatta-blog.com/rairaiken.html

カテゴリー情報を入れない記事URL構造にしておくのがお勧めです。

ブログを飛躍させる

ブログ運営が軌道に乗ってきたら、ブログの魅力をさらに高めていきましょう。プロフィールを充実させるなどの工夫をして、ブログの特徴をより際立たせましょう。イベントに参加して、他ブロガーとのリアルなつながりを作ると、ブログ運営が楽しくなります。上手くいっていないと感じたら、思い切ってブログコンセプトを見直しするのも有効です。

Section 07-01 魅力的なプロフィールの書き方

多くの情報が飛び交うインターネットで、「誰が発信しているか」は、良い情報を判別する指針として、今後さらに重要になってきます。ブログ運営者のプロフィールをしっかり書くと、ブログの信用がアップします。

ブログは「誰が書いているか」が重要

日々、多くのブログが更新されています。同じような記事がたくさんあります。こうなってくると、ブログは、「何が書いてあるか」だけではなく、「誰が書いているか」が重要になってきます。

読者は、記事に共感すると、「どんな人が記事を書いたのか」が気になり、「プロフィール」ページを読みます。書き手の素性をしっかりアピールできれば、読者になってくれる可能性が高まります。詳しいプロフィールを用意しておきましょう。

プロフィール作成のコツ①　書けることは何でも書く

プロフィールには、書けることはすべて書きましょう。居住地や出身地、母校、年齢、星座、血液型、家族構成、趣味、特技、好きな映画、応援しているサッカーチームなどです。

なぜなら、人は、相手について知ろうとするとき、自分との共通点を探すからです。一つでも共通点があると、読者は親近感を持ってくれます。

プロフィール作成のコツ②　人はV字回復のストーリーがお好き

プロフィールは、「面白そう」「共感できる」「自分と似ている」と思ってもらえることが大切です。出身地や趣味などを簡潔に書くだけでも効果はあります。本書では「過去→現在→未来」のフォーマットによる、本格的なプロフィールをお勧めします。

過去のできごとをいくつかピックアップして、現在につなげ、将来の希望を書く、というフォーマットです。型が決まっているので、書きやすいです。

過去のできごとの中に、「失敗や後悔のエピソード」を必ず入れましょう。困難をなんとか克服して今に至る、「V字回復のストーリー」にするのです。多くの小説や映画で使われている、物語の基本です。

順風満帆の人生の話を聞いても、だれも共感してくれません。何十年も生きていれば、1つや2つ、大きな失敗やトラブルがあるはずです。無理でもプロフィールにねじ込みましょう。自慢話だけでなく、トラブルを織り交ぜた「武勇伝」こそが、人々の心を引きつけるのです。

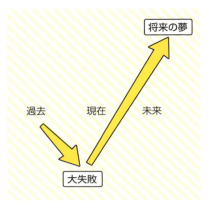

プロフィール作成のコツ③　実績は公開しよう

過去の実績は、できるだけ公開しましょう。人は相手を、過去の実績をもとに評価します。大会での入賞、雑誌への寄稿、学歴、持っている資格、仕事での表彰、特許取得、講演会の講師など。オフィシャルな実績は、すべて信頼の基礎となります。

実績は、自分で公開しないと誰も評価してくれません。遠慮せず、プロフィールにしっかり記入しましょう。

■ プロフィールの例

筆者のプロフィールページでは、幼少期からのいきさつを詳しく紹介しています。

過去のできごとを、現在につなげる構成になっています。

http://www.wakatta-blog.com/profile

Section 07-02 プロフィールアイコンは「なりたい自分」

ブログには、必ずプロフィール画像を掲載しましょう。プロフィール画像は、ブロガーの人柄を表現できる重要なパーツです。ブログ全体のイメージを決めてしまう影響力があります。慎重に選びましょう。

表情でメッセージが変わる

ブログにプロフィール画像があると、ブロガーから話かけられているように感じます。笑顔の写真だと、楽しく話している雰囲気になります。ところが、怒っている写真だと、怒られているように感じてしまいます。

Twitterの初期アイコンのたまご型のような画像だと、なにも表現できません。スパムを企んでいるアカウントのように見えて、信用が下がってしまいます。

笑顔の写真が一番です。素顔がNGであれば、イラストを書いてもらいましょう。犬や猫の写真は他との区別がつきにくいので、使わないでください。

スパムアカウントに見えることも…

アイコンを自分の写真にしてみる

ブロガーが話しかけているように見える

プロフィール画像は統一する

ブログと連携して利用するソーシャルメディアのプロフィール画像は、ブログと共通にしましょう。「前にも見たことがあるな」と、覚えてもらいやすくなるからです。ブランド形成に有効です。心理学の「ザイオンス効果」によると、接触回数が増えると親近感や信頼度が増します。プロフィール画像がバラバラだと、接触回数が分散されてしまい、もったいないです。必ず統一しましょう。

なりたい自分になれる

ブログで実現したいキャラクターは、プロフィール画像で決まってしまいます。実社会の自分とはまったく違ったイメージの画像でも問題ありません。いつもはネガティブな性格でも、ネット上では明るいキャラを演じたければ、満面の笑顔の画像を使いましょう。人は幸せだから笑うのではなく、笑うから幸せになるそうです。作り笑いでも幸せを感じることが、心理学で研究されています（ジェームズ-ランゲ説）。ネットで外面的にキャラを演じることで、自分の内面も変わってきます。「なりたい自分」を表現できる画像を使いましょう。

> **MEMO**
> **プロフィール画像はセンスが問われる**
> 多くのブログを眺めていると、「なんでこんな画像を使っているのだろう」というプロフィール画像に出会うことがあります。顔が怖かったり。オタクっぽかったり。プロフィール画像はブロガーのセンスが凝縮されていると言っても過言ではありません。自分のプロフィール画像が問題ないかどうか、周りの人に聞いてみましょう。

プロフィール画像の目線

プロフィール画像の目線は、印象を大きく変えます。わかったブログでは当初、牛の着ぐるみコスプレで上を向いた写真を使っていました。見上げのアングルは「格差」をつくりやすく、高圧的で尖ったイメージを与えます。まだ駆け出しの頃だったので、読み手に強い印象を与えるには良かったです。

ブログ運営が安定してきてからは、信用を蓄積したい思いから、目線が同じ高さの笑顔の写真に変更しました。若い頃の写真なので、そろそろ変更しないとプロフィール写真詐欺と言われてしまいそうです。

最初と現在のプロフィール画像。イメージの違いは明らか

Section 07-03 ターゲットの心に刺さる記事を書く

情報を紹介するだけのブログだと、他のブログとの差別化が難しいです。情報だけでなく、自分の意見を加えることで、個性のあるブログになります。ただし、意見には少なからず反論がきます。反論を恐れず、自分の意見を書けるようになりましょう。

自分の「意見」を書く

例えば、気になったニュースを紹介するブログを運営するとしましょう。単にニュースの内容を紹介するだけなら、新聞やテレビのニュース記事を読めば済む話です。読者が増えるブログにはならないでしょう。

ニュースを紹介するのであれば、必ず自分の意見を添えましょう。意見の内容が面白ければ、読者は「このブログは面白いこと言うな」と思ってくれます。意見はブログの個性の源であり、他との差別化につながります。

意見を書くことは、難しい作業です。自分の考えは間違っているのではないか？　という不安もあるでしょう。しかし、クリエイティブな作業とは、自分の意見を世に問うことです。意見を発信しないと、人に価値を与え、読者の心を揺さぶるブログを作ることはできません。

反論を恐れない

自分の意見がマイナーだとしても、同じように考える人は、世の中に必ずいます。全員に受け入れられるような意見は、個性につながりません。

10人中9人は興味を持ってくれなくても、1人の心に強烈に刺さる意見を書くブログのほうが、読者は増えます。

しかし、エッジの効いた意見をすると、反論や批判が来ることがあります。反論されるから意見したくない方もいるでしょう。100%同意されることは無いと思っていた方が賢明です。すべての人から好かれる人はいないのと同じです。あのイケメン俳優の福山雅治さんですら、嫌う人がいます。「みんなから好かれる人が嫌い」な人がいることを、知っておきましょう。

一人弁証法を利用する

「これはこうだ！」と言い切るだけだと、反論が多くなります。反論は恐れてはいけないとはいえ、誹謗中傷めいたコメントがくると、精神的に辛いです。余計な反論はできるだけ避けたいところです。

Ａという意見を述べたら、反対関係にあるＢの意見についても述べておきましょう。各々のメリット、デメリットを比較した上で、自分の意見はＡと述べる「一人弁証法」で記事を書くと、説得力が増し、反論が少なくなります。

良い炎上と悪い炎上

炎上とは、ソーシャルメディアやコメント欄に、多くの人の意見が殺到することです。大きな炎上になると、テレビやニュースで紹介されることがあります。

炎上には、良いものと悪いものがあります。反対意見と支持する意見が拮抗している場合は、良い炎上です。人々に考えるきっかけを与え、色々な意見を交わすことで、良い議論になります。ブログの読者が増えるでしょう。

殺到する意見のほとんどが反論の場合は、悪い炎上です。ブログの信用が下がってしまいます。この場合は、自分の間違いを素直に認めて、場合によっては謝罪すべきです。

ソーシャルメディアで練習する

最初からブログで意見を書くのは難しい方は、ソーシャルメディアで自分の意見を書く練習をしてみましょう。ブログは文章量が必要ですが、ソーシャルメディアは一言から発言できます。練習には最適です。

意見を突き詰めていくと、YesかNoしかありません。「すごい」「すばらしい」だけでも、立派な意見です。積極的に発言して、自分の中にある壁を低くしていきましょう。

> **MEMO**
>
> **育児のオピニオン記事で大炎上した経験**
>
> 妻が次男を妊娠した際、トラブルがありました。妻は絶対安静を余儀なくされ、代わりに私が育児家事をしました。長男は１歳半でやんちゃ盛り。目が回る忙しさでした。そんな中、旦那さんが育児家事をまったくしないという話を知り合いから聞いて、男性の育児参加を促す意見をブログに書きました。
> すると、ブログのコメント欄やソーシャルメディアにコメントが殺到し、炎上してしまいました。「育児と仕事、どちらが大変か？」というテーマで意見が分かれたからです。後にR25で取り上げられて、Yahoo!トップページでも何度か紹介されました。
> 誹謗中傷を含んだコメントが多く来て、かなり落ち込みました。一方で、賛成意見も多かったので、踏ん張れました。結果的にブログの読者が増えて、良い炎上となりました。でも、二度と同じ経験はしたくないです。

Section 07-04 言いたいことは何度でも書く

一度書いてしまったネタで、2記事目は書きにくいです。自信のある記事が過去記事に埋もれてしまうのはもったいないです。過去記事をリライトしたり、エピソードを変えて新たに記事をポストすることは、問題ありません。言いたいことは何度でも書きましょう。

過去記事が埋もれてしまう

　自分の知識や経験を結集した会心の記事を、ブログに投稿したとしましょう。すると、最初はブログの一番目立つ位置に表示されます。しかし、新しい記事をポストしていくと、表示位置が下がっていって、最後は過去記事の中に埋もれてしまいます。

　ブログを開始した当初は調子が良くても、ネタが次第に無くなってしまい、記事の更新がストップしてしまいます。最初の方に書いた記事は自信作なのに、一度記事にしてしまったので同じことはもう書けない。慌てて書かなければよかった。そんなことを考えるブロガーは多いはずです。

　しかし、出し惜しみをして、つまらない記事をポストしていても、注目されることはありません。ブログは最初から全力勝負でいくものです。

過去記事をリユースする

　過去に書いた記事を、現在の読者にも読んでもらいましょう。過去の記事をリライトする方法と、主題は同じで切り口を変えて記事を新たに書く方法があります。どちらも問題ありません。過去記事をリユースするのです。

　お勧めは、新たな記事を書き起こすことです。伝えたいメッセージは同じでも、伝えるためのエピソードを変えて書きます。日々の生活で「これも同じだな」と思うことがあります。気づきをメモっておいて、記事にしてみましょう。

　リライトも有効です。ただし、新しい日付で保存しても、フィードが元々の作成日でソートされてしまうと、RSSリーダーで最新記事として表示されないことがあります。WordPressの場合、プラグイン「Duplicate Post」で記事を複製して、元の記事を消去すると、最新記事として配信されます。

Duplicate Post ｜ https://ja.wordpress.org/plugins/duplicate-post/

繰り返し発信することがブログの個性になる

　メッセージは同じでも、手を変え品を変え、繰り返しブログにポストしていくと、ブログ全体の個性につながります。

　新しい読者が、過去記事を読むことは少ないです。新しい読者に対しても、メッセージを伝えましょう。

　同じことを何度も書いたら、既存の読者に飽きられないか？　と思うかもしれませんが、問題ありません。ファンは、同じことを何度も読みたいのです。

　人気アーティストは、同じような雰囲気の曲を歌い続けています。お笑い芸人もネタは似ています。落語家にいたっては、毎回同じ話をします。それでも面白いのです。お客さんも変わらないことを望んでいるのです。

　ブログ記事は、エピソードが変われば、まったく別の記事になります。伝えたいことは遠慮なくポストし続けましょう。

お勧め記事リストをつくる

　ブログのサイドバーに、お勧め記事のリストを作っておくと、過去の記事を読んでもらえる回数が増えます。ただし、数は10記事くらいまでにしておきましょう。多すぎると、お勧めリストの価値がなくなってしまいます。わかったブログでは、はてなブックマークの人気記事ランキングを掲載しています。

読んで欲しい過去記事をアピール！

Section 07-05 賑わいを演出する

ブログの読者数が増えてきたら、多くの人に読まれていることを積極的にアピールしましょう。多くの人が読んでくれている事実は、読者へ信用を与えます。ページビューカウンターとソーシャルカウンターが有効です。人が人を呼ぶ性質を、ブログに応用してみましょう。

賑わいが賑わいを呼ぶ

　行列ができているラーメン屋さんと、その隣のお客さんの入っていないラーメン屋さん、どちらのラーメンを食べたいですか？　おそらくほとんどの人が、行列のあるラーメン屋さんを選ぶでしょう。行列ができるくらいだから、きっと美味しいのだろうと思うからです。コピーライターの糸井重里さんが「一番売れるセールスコピーは『売れてます』である」と、述べていました。売れている事実は、人々を強く動かします。

　心理学の「バンドワゴン効果」と呼ばれる現象です。人は周りの意見に影響を受けてしまいます。バンドワゴン効果をブログに利用してみましょう。多くの人がブログを読んでくれていることを、アピールするのです。

　1日のページビューが1,000PVを超えてきたら、ページビューカウンターを設置してみましょう。前日のビュー数が表示されるカウンターがお勧めです。1,000PVを超えてると、読者は「お！」っと思うはずです。「3カウンター（http://www.3counters.net/）」や、WordPressプラグインの「Count per Day」がお勧めです。

MEMO ウソはダメ

賑わいを演出するといっても、数の捏造をしてはいけません。アクセスカウンターや、いいね、はてブの数を意図的に増やすと、見た目は良くなりますが、今はソーシャルメディア時代。おかしいと思った人は、根掘り葉掘り調べます。ウソが発覚すれば、ソーシャルメディアで一気に拡散して、大炎上するでしょう。そうなったら、ブログは閉鎖するしかありません。人々はウソをついている人を叩くのが大好きです。

ソーシャルカウンターをONにする

　113ページで述べたように、ブログ開設当初から、カウンターを設置してはいけません。カウントがゼロばかりだと、人気のないブログだと思われてしまい、逆効果です。カウントされるようになってきたソーシャルボタンから、カウント表示していきましょう。カウンターは、ある程度影響力が出てきたブログを、さらに加速するために使います。最初の助走は、自分の力でしないといけません。

お勧めのカウンター

　賑わいの演出には、Facebookページのブログパーツの表示がお勧めです。読者の知人が「いいね！」していると、Facebookのプロフィール画像が表示されます。まさに「バンドワゴン効果」を利用したパーツです。

　あとで読みたい記事を保存しておくシンプルなサービス「Pocket」のソーシャルボタンもお勧めです。保存された数をカウンター表示できます。Pocketは意外と利用者が多く、カウント数が増えやすいです。設置位置は、記事の下がお勧めです。カウント数が増えてくれば、記事上にもサイズの小さなカウンターを設置しましょう。賑わいを強くアピールできます。

友人の画像が表示されて「アイツもフォローしているのか」と安心感がでます

意外と回るカウンターです

■ はてブカウンターは開設後すぐに設置しても問題ない

　赤文字のタイプのはてなカウンターは、ブログを開設したらすぐに設置しても問題ありません。なぜなら、このカウンターは、はてブがゼロの場合は、表示されないからです。数字だけでシンプルですが、赤色で目立つのでお勧めです。

はてブが付いていない記事には、user数が表示されません

Section 07-06 ブログのコンセプトを見直す

> ブログを始めて数ヶ月もすると、記事数が増えてきたのに、ページビューが伸びない、反応が悪いといった不満がつのってきます。ブログは継続が大事ですが、ただ続ければ良いわけではありません。ブログの方向性の是非は、常にチェックしましょう。

6カ月を目安に見直す

　ブログを始めて数ヶ月。記事数は100記事を超えてきたのに、ページビュー数が伸びず、反応が鈍い……ブログが上手く回らないと感じる方は多いでしょう。

　記事の内容や質よりもブログ全体のコンセプトが受け入れられていない可能性があります。ブログ名の意味がわかりにくかったり、記事の方向性が読者の期待とズレていると、努力がブログの成長に上手くつながりません。

　6カ月ぐらいを目安にして、当初の思惑通りブログが成長しているかどうかを見直しましょう。

率直な意見を聞いてみる

　知り合いや家族にブログを読んでもらって、率直な感想を聞いてみましょう。おそらく、強烈なダメ出しを受けるはずです。悪いところ、良いところをしっかり聞きましょう。次へステップの足がかりを見つけるのです。

　コンサルティングをしてくれる実力派ブロガーさんがいます。お金はかかりますが、周りに相談できないのであれば、利用をお勧めします。直接会って話をするのがベストです。スカイプやGoogleハングアウトを利用して、テレビ電話で話す方法もあります。

初めからブログを作りなおす勇気

　最初から全てやり直したい方もいるでしょう。ブログのドメインや過去記事はそのままで、ブログ名とコンセプトだけ変更して続けるのがベストです。ブログの運営期間は実績になります。SEO的にも、長く続ける方が有利と言われています。

　しかし、過去のしがらみを全部捨てて、新たに始めたい気持ちも理解できます。気持ちの整理をつける意味で、新しく作り直しても構いません。

最初からやり直しと言っても、ブログの運営能力や記事の作成能力は格段に上がっています。以前よりはブログがスムーズに成長するはずです。

行動する勇気を持とう

ブログは何が当たるかわかりません。ブログを立ち上げてみて、記事を更新して、反応をみて、さらに改善する。本書で紹介してきた、ブログのPDCAを回し続けることで、ブログは成長します。

失敗しても、損失はドメインとサーバー代くらいです。無料ブログなら金銭的な損失は発生しません。行動したことで、以前とは見える景色が変わっていきます。始めないことには、なにも変わりません。

失敗したら、もう一度ブログを作れば良いのです。自分に合ったブログが生まれることを信じて！

MEMO

わかったブログは出がらし茶？

筆者のブログは2006年から運営しています。最初はベランダ菜園のブログからスタートしました。次第に日常の話もポストするようになりました。ゴチャゴチャしてきたので、ベランダ菜園以外の記事を書くために、わかったブログを立ち上げました。その後、地元静岡とプログラミングの話題を、別のブログに分割したため、出がらし茶のようなブログになってしまいました。
4つのブログを並行して運営していましたが、結局残ったのは、わかったブログだけでした。ブログは何が当たるか、本当にわからないです。

waybackmachine（http://web.archive.org/）で2007年のわかったブログを調べてみました。デザインがしょぼい！懐かしいです。

Section 07-07

コメントフォームの有効性

コメントフォームを閉鎖するブログが多いです。スパムやネガティブコメントを受け付けたくないからです。しかし、コメントをうまく利用すると、コンテンツが増えて、読者の滞在時間が増えます。ソーシャルメディアのコメントを、記事に貼付する方法も有効です。

滞在時間が増加する

　ブログ記事に書き込まれたコメントを、読者は好んで読みます。他の読者の意見が気になるからです。コメントは通常、記事の下に表示します。コメントが多ければ、読者の滞在時間が増えます。コメントの表示はユーザーのニーズを満たし、ブログの価値を高めてくれるのです。Googleは、検索ランキングを決める要素の一つに滞在時間を利用していると言われているので、SEO的にも有利です。

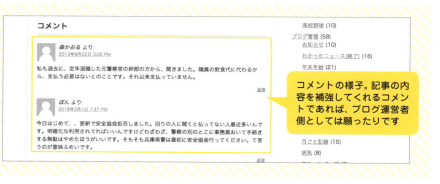

コメントの様子。記事の内容を補強してくれるコメントであれば、ブログ運営者側としては願ったりです

コメントは承認制にする

　ブログ記事へのコメントは、賛成意見だけでなく反対意見もあります。反対意見でも、生産的なコメントは掲載した方が、記事の質が上がります。
　しかし、中には怒りに任せただけの、誹謗中傷の要素を含むコメントもあります。ノーチェックで掲載してしまうと、ブログ全体のブランドに影響してしまいます。
　コメントは承認制にして、ブログ価値を上げないコメントは表示しないようにしましょう。ブログは自分の家のようなものです。何を表示するかは、運営側の自由です。

Section ▶ 07-07 コメントフォームの有効性

ソーシャルコメントを貼付する方法

　Twitterやはてなブックマークのコメントを、読みやすいカードデザインでブログに貼り付けることができます。ブログ記事を補強してくれるツイートやコメントをSNSで見つけたら、積極的に記事に貼付しましょう。

Twitter

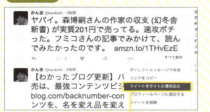

ツイートの…→「ツイートをサイトに埋め込む」をクリックする。表示されたコードをブログに貼付ける

はてなブックマーク

ブックマークコメントの下の「リンク」をクリックし、「ページに埋め込む」をクリックする。表示されたコードをブログに貼付ける

Facebook

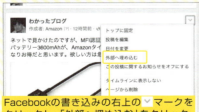

Facebookの書き込みの右上の ∨ マークをクリックし、「外部へ埋め込む」をクリック。表示されたコードをブログに貼付ける

うまく表示されない場合

他のFacebookのパーツを干渉している可能性があります。コードの先頭（<div id="fb-root">～</script>）部を消去すると、表示されることもあります。

Section 07-08 他ブログの記事を紹介する

他のブログ運営者と交流しましょう。とはいえ、いきなり交流してください というのも不自然です。気になったブログの記事を、積極的に紹介すること から始めましょう。

他ブログの良い記事は積極的に紹介する

面白いと思った他のブログの記事を、積極的に紹介しましょう。他のブログを応援し ている暇があるのか？ と考える方がいるかもしれません。この際、ケチくさい考えは捨 てましょう。「良いものは良い」と素直に言えると、ブログだけでなく他人とのコミュニ ケーションが円滑に動きます。面白いものを紹介し続けると「この人はいつも面白い情 報を持っている」という信用につながります。

ブログ記事にしにくければ、ソーシャルメディアで紹介しても良いでしょう。相手ブ ログの運営者も気づきます。ブロガーの間で緩い関係が生まれ、相手も自分のブログを 読んでくれることがあります。ブロガーも読者の一人です。他者を応援することは、読 者を増やすことにつながります。情けは人のためならずです。

■ はてブを活用しよう

他ブログの記事を紹介する場合も、はてなブックマークがお勧めです。はてなブック マークは日本国内のバズの発生源であるため、はてブされた相手は喜びます。連携の設 定をすれば、Twitter、Facebookにも同時にポストできます（153ページ参照）。

批判する時は細心の注意を

他のブログの記事に対して批判したい時があります。批判は悪いことではありません が、された方は決して良い気分にはなりません。

批判をするときは、なるべくマイルドな言葉を心がけましょう。相手の意見に賛成で きるところは賛成して、その上で自分の意見を述べるようにします。

このとき、ダメと言うだけでなく代替案を添えましょう。世の中、どこでどうつなが るかはわかりません。ブロガーイベントで批判した相手とバッタリ会うこともありま す。ネットでも、リアルで人と話すときと同じような言葉使いと接し方を心がけましょ う。

Section 07-09 イベントに参加する

ブログが軌道に乗ってきたら、ブロガー関連のイベントに参加してみましょう。ブロガー同士で会えば、話題はブログが中心。すぐに打ち解けます。ブロガー人脈が増えると、さらにブログが楽しくなります。

ブロガー友達を増やす

　ブログ関連のイベントに参加して、ブロガーに会いに行ってみましょう。イベントに出てくるような方は、人間的にできている人がほとんどです。心配はありません。
　面と向かって話をすれば、口癖や表情、しぐさなどから、ブロガーの人間性を知ることができます。
　普段は強い言葉で書いているブロガーさんが、会ってみると驚くほど穏やかな雰囲気で、びっくりすることがあります。

名刺を作っていこう

　イベントに参加するときは、名刺を作っていきましょう。イベントでは、お酒を飲むことが多いです。話に花を咲かせても、帰宅したら、あの人誰だっけ？ ということは多いです。名刺を交換しておけば、思い出せます。名刺は、自分で印刷して作れます。パソコンショップに売っている名刺用の用紙を購入すると、名刺を作るアプリをダウンロードできます。最初は簡単なものでかまいませんので作成しましょう。

ブログが軌道に乗った頃に参加しよう

　ブログを始めたばかりの方がいきなりブロガーイベントに参加しても、得られるものは少ないでしょう。有名なブロガーに会えることは楽しいかもしれません。よほど強烈な個性がない限り、興味を持ってもらえることは少ないです。
　ブログが軌道に乗って、ネット上で他のブロガーと交流してから参加すると、スムーズに入っていけます。

良い話は人づてにやってくる

　ネット上の情報は誰でもアクセスできるため、良い情報はすぐに広まってしまい、優

位性はなくなってしまいます。本当に有益な話は、人づてにしか入ってきません。しかも、ただ会うだけではダメで、信用のある人にしか話は回ってこないのです。

　ネットだけの交流だと、信用を築くのに時間がかかります。実際に会えば、距離は一気に縮まります。積極的にイベントに参加して、人脈を作っていきましょう。

> **MEMO**
>
> ### 静岡ライフハック研究会の馴れ初め
>
> 筆者は、「静岡ライフハック研究会」の代表をしています。東京ライフハック研究会に参加して、面白い勉強会だなと思い、何度か参加しました。
> 懇親会で、主宰の北@beck1240さん、立花@ttachiさんとお話している時に、今度静岡でも開催する話になり、トントン拍子で話が進み、第一回静岡ライフハック研究会を開催しました。
> 第二回からは「かん吉さんよろしく」ということで、私が引き継ぎました。2016年9月現在、合計10回開催して、現在も続いています。
>
>
>
> 2014年に開催した静岡ライフハック研究会Vol.8の様子。スタイリッシュな雰囲気の会場で行っています。

> **MEMO**
>
> ### 自分を叩いた人に会う
>
> イベントに参加すると、過去に自分にネガティブなコメントをしてきたブロガーが出席していることがあります。その人と話ができるようセッティングしてもらって、知らないふりして「〇〇ブログの方ですよね。知ってます。有名ですよねー」と言った具合に声をかけると、驚かれて恐縮されます。これが面白い。
> 会って話せばみんな良い人なのです。ブログを安定して運営するには、リアルの場の活動も大切です。

ブログマネタイズ

ブログから収益を得たいと考えている人は多いでしょう。しかし、読者が少ない段階からのマネタイズは、ブログの成長を妨げてしまうことがあります。ネットには「嫌儲」という言葉があるように、他人を儲けさせることを嫌う風潮があるからです。ブログのマネタイズは、慎重に行う必要があります。

Section 08-01 ブログ収益化方法を知る

ブログを上手く活用すると、お金を稼ぐことができます。広告を掲載したり、独自商品の販売に結びつけることで収益化します。しかし、まずは読者を増やすことが最優先です。裏技は存在しません。王道を行きましょう。

収益化する方法を知っておく

ブログで収益する方法は、大きく2つあります。広告の掲載と、独自商品の販売です。自分のブログに合った収益化方法を考えてみましょう。

■ ブログ収益化方法① 広告の掲載

ブログ内に広告を設置すると、広告費を得ることができます。多くのブログが取り組んでいる方法です。以下の4種類があります。

①Googleアドセンス

ブログ内に、記事の内容や読者の興味にマッチした広告を自動的に掲載してくれるサービス。広告をクリックされる度に、数円〜数百円の広告費をもらえます。

② アフィリエイト

商品やサービスを紹介して成約すると、マージンがもらえるサービス。Amazonや楽天のアフィリエイトを利用すると、世の中に売っている大抵の商品を紹介できます。

③記事広告

クライアントから広告費を頂いて、商品やサービスの紹介記事を書く方法。広告であることを明記しないとステマ(ステルスマーケティング)になってしまうので注意が必要です。

④純広告

ブログの中に広告スペースを作り、スペースを販売する方法。

ブログ収益化方法② 独自商品・サービスの販売

ブログ記事をまとめた電子書籍を販売したり、有料メールマガジンへの誘導することで収益化します。自分のビジネスへの誘導なども含まれます。

まずは広告の掲載からはじめる

広告の掲載は、お手軽でハードルが低いです。ただし、Googleアドセンスとアフィリエイトは、事前に審査があります。ブログを始めたばかりだと、記事数が少なくて、審査に通らない可能性があります。1ヶ月くらいしっかり運営して、記事数が増えてくれば、審査に通るはずです。

集客なくして収益なし

いくら収益化する方法を知ったところで、ブログにお客さんが来ないことには、収益は得られません。ブロガーがまず考えるべきことは「集客」です。一人でも多くの人に記事を読んでもらう努力が必要です。

最初は山奥の道沿いでお店を開くようなものです。お客さんはやって来ないので、当然売り上げはゼロです。しかし、山奥ならではの面白いイベントを開催すると、口コミでお客さんがやってくるようになり、イベント会場のお店の売り上げが増えていきます。ブログも同じです。読者が喜ぶ記事をポストして、読者を集めましょう。

甘い話にだまされない

「ブログで誰でも簡単に月100万円稼げる方法」のような情報商材が、数万円～数十万円の高額な価格で販売されています。しかし、よく考えてみてください。本当に簡単に稼げる方法があるのであれば、誰にも言わないはずです。多くの人に知れ渡ってしまったら、効果が無くなってしまうからです。つまり、情報商材や塾は、稼ぎたいと思っている人をカモにしているのです。販売元は自分の収益実績をアピールしますが、その実体はブログ収益ではなくて、情報商材の売り上げであることが多いです。

> **MEMO**
>
> **ブログサロンについて**
>
> 最近、「ブログサロン」と呼ばれるグループが増えています。月数千円くらいで、実力のあるブロガーが、ブログの運営方法や収益化のコツをオンラインで教えているようです。他のメンバーとの交流もできます。情報商材や塾のように高額ではなく、いつでも退会できます。「このブロガーさんに色々聞いてみたい」と思えば、参加してみると良いでしょう。ただし、ダラダラ参加するのではなく、短期間で積極的に質問や交流をして活用しましょう。
>
> 私は永江一石さんの有料メールマガジンを購読しています。月300円（税抜き）です。読者からの質問への答えが毎週メールで届きます。筆者も質問させてもらっています。サロンより安いですし、他の人の質問を読むことも勉強になります。

Section 08-02 Google AdSenseをはじめる

Google AdSenseは、ブログに設置しやすい広告で、収益性が高いです。しかし、最初の審査が厳しく、運用中も厳格なポリシー遵守が求められます。違反者には広告停止やアカウント凍結などの厳しい措置がとられます。利用開始する前に、AdSenseについてしっかり学んでおきましょう。

Google AdSenseの厳しい審査

Google AdSenseは、コンテンツの内容にマッチした広告を自動的に表示してくれるサービスです。報酬は1クリック毎に支払われます。最近は、読者の行動を追跡して、興味のありそうな広告を再表示させるリターゲティング広告が導入され、高い収益性が期待できます。

ブログのテーマに所定のコードをコピペするだけで、広告の表示が始まります。ブロガーは、記事の執筆に集中できます。必ず導入したい広告サービスです。

しかし、Google AdSenseは、誰でも利用できるわけではありません。アドセンスは2段階の審査があります。一次審査では、利用者の基本情報と、運営ブログのチェック。二次審査では、実際にコードをブログ内に設置した状態でのチェックが入ります。

Googleとしては、不適切なブログに広告を表示させてしまうと、サービス自体の信用問題となるため、しっかり運営されているブログかどうかをチェックするのです。

更新を開始して間もないブログだと、記事数が不足している理由で審査が通らないことが多いです。何記事以上だとOKという基準はありません。万全を期するためにも、運営期間は一か月以上、30記事くらいポストしてから申請しましょう。

ポリシー違反に注意する

Google AdSenseを利用するには、Google AdSenseポリシーの厳守が求められます。ポリシー違反をすると、広告の停止、悪質なものになるとGoogle AdSenseアカウントの凍結の厳しい措置が取られます。

Google AdSenseは、一人1アカウントまでと決まっています。アカウントを凍結されてしまうと、二度とGoogle AdSenseを利用できなくなります。ポリシーを良く読んで、十分理解しておきましょう。

> **AdSense プログラム ポリシー**
> https://support.google.com/adsense/answer/48182?hl=ja

特に注意すべきポリシー

AdSense プログラム ポリシーの中でも、特に違反しやすい項目が以下になります。

■ 自己クリック

自分のブログに設置した広告を、自分でクリックすることは絶対にやめてください。Google AdSenseは、クリックで報酬が発生します。自己クリックは最悪の不正行為です。アカウント凍結といった厳しい措置がとられます。

とはいえ、自分のブログを閲覧する機会は多く、ついうっかりしてクリックしてしまうことがあります。Google Chromeブラウザには、Google Publisher Toolbarという拡張機能が用意されていて、ミスクリックを防止してくれます。Chromeウェブストアから導入しておきましょう。

Google Publisher Toolbar
■販売元:Google ■仕事効率化

■ クリック誘導

広告の上に、「お勧めはこちら！」のような文言をつけてしまうと、意図的なクリック誘導とみなされてポリシー違反となります。意図していなくても、例えば記事中にアドセンスを設置したときに、前の文章の最後が「お勧めの商品を紹介します」のような文言だと、ポリシー違反になります。アドセンス広告の上部には、「スポンサーリンク」といったラベルを表記して、広告であることを明記しておくと安全です。

■ ファミリーセーフ

Google AdSenseを設置して良いコンテンツの内容は制限されています。基本的には、「小さな子供が読んでも問題ないか」という「ファミリーセーフ」が基準になっています。アダルトコンテンツや、反社会的なコンテンツはNGです。

ワイン以外のビールやリキュールなどの販売を目的とするコンテンツや、ポイントサイト、そして意外にも、アフィリエイトを指南するコンテンツもNGです。

■ 著作権侵害

著作権を侵害しているコンテンツはNGです。アドセンス的にNGなだけでなく、著作権侵害はれっきとした犯罪ですので、注意が必要です。ブログに利用する画像は、自分で撮影したものか、信用のおけるフリー画像サイトのものを利用しましょう。他のブ

ログの文章をまるまるコピーして利用するなんて、もってのほかです。

「引用」の範囲内であれば、他者のコンテンツを利用できます。ただし、引用する十分な理由があり、引用したコンテンツはあくまで従の関係である必要があります。常識的な範囲であれば問題ありません。

■1ページ当たりの広告の数と位置

2016年8月にポリシーが変更になり、広告設置数の上限が撤廃されました。コンテンツに対する広告の割合が大きくならないようにしてください。スクロールしなければ見えない位置にコンテンツを押しやるサイトレイアウトは禁止です。特にモバイルはディスプレイが小さく、全面に広告が表示されやすいです。

Google AdSenseに申し込む

プライバシーポリシーを良く理解したら、Google AdSenseのスタートページ（https://www.google.co.jp/intl/ja/adsense/start/）から、必要事項を入力し、Google AdSenseに登録します。Google AdSenseの申し込みには、Googleアカウントが必要です。Googleアカウントを持っていなければ、新しく作るところから始めます。

前述したとおり、審査は二段階になっています。まずは個人情報とアドセンスを設置したいブログURLに関する審査です。審査が無事通過すれば、次に実際にアドセンス表示用のコードをブログ内に設置した状態で、Googleスタッフによる目視審査があります。この際、ポリシーへの違反があると、審査に合格できません。コンテンツの内容

や、アドセンス設置位置などをよく確認してから申し込みましょう。

申し込み時の方法の詳細や注意事項は、Google AdSenseのヘルプに書かれているので、目を通しておきましょう。

Google AdSenseのヘルプ
https://support.google.com/adsense/answer/10162?hl=ja&ref_topic=1391540&rd=1

Google AdSenseスタートページ
https://www.google.co.jp/intl/ja/adsense/start/

Adsenseの報酬の目安

ブログ記事のジャンルや時期によって、報酬額は変わってきます。金融系や、転職、美容などクリック単価の高いジャンルの記事が多いと、報酬額は増える傾向にあります。普通のブログで、ページビュー数×0.1〜0.5円くらいのようです。一日10,000PVなら、1,000円〜5,000円くらいです。

> **MEMO**
>
> **広告停止の恐怖**
>
> わかったブログでは、過去に2回アドセンス広告の停止を受けています。一度目はラベル違反でした。記事中にアドセンス広告を挿入したところ、直前の文章が直後のアドセンス広告へ誘導する形になってしまいました。
> 「スポンサーリンク」のラベルを直前に表記したら、停止解除となりました。
> 二回目は、コンテンツポリシー違反でした。ポイントサイトの紹介したところ、「報酬プログラムを提供するサイト」とみなされてしまいました。記事を削除して停止解除されました。Googleからのメールを良く読んで、しっかり対応すれば停止解除してくれます。Googleは問題が発生している具体的なページURLを示してくれます。落ち着いて、何が問題なのかしっかり把握しましょう。

Google AdSense広告の設置

アドセンス広告は、色々な種類とサイズがあります。ブログのデザインに合ったサイズを選びましょう。最近のブログデザインはレスポンシブデザインが主流です。アドセンス広告にも、ディスプレイサイズによって自動的に最適なサイズに調整する「レスポンシブ対応サイズ」があります。便利なので積極的に利用しましょう。

■ Adsense広告のコードを取得する

Adsense広告の種類、サイズなどを指定してコードを発行します。このコードをブログに貼付けることで広告を設置できます。

1 Adsense (https://www.google.co.jp/adsense/) にログインし、上部メニューバーの「広告の設定」→左サイドバーの「コンテンツ」→「広告ユニット」から、「+新しい広告ユニット」をクリックする。

2 広告サイズから、利用したいサイズを選択する。

3 広告タイプは、特に理由がなければ「テキスト広告とディスプレイ広告」を選択する。その他の設定は、はとりあえず設定なしでOK。

4 「保存をしてコードを取得」をクリックする。

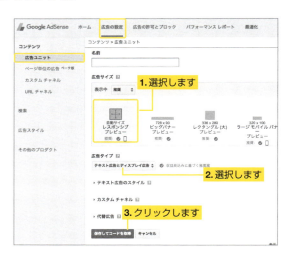

5 コードが表示される。このコードをブログテーマの所定の位置にコピペすると広告が設置できる。

効果的なアドセンス設置位置

　Google AdSenseのヘルプに、効果的なアドセンスの設置位置が紹介されています。Googleとしては、ユーザーの報酬が増えてくれたほうが自社の利益が伸びます。効果的な位置については、Goolgeは徹底的に調べています。参考にして、設置位置を決めましょう。

■ トップページ

　共通するのは、最新記事リストの上部にイメージのアドセンス広告を入れること。最新記事リストの途中に入れたり、サイドバーへの縦長タイプの広告が有効です。

ブログサイト：ホームページ
https://support.google.com/adsense/answer/187651?hl=ja&ref_topic=29880&rd=1

■ 記事ページ

　記事中に埋め込むことが推薦されています。記事下への配置、サイドバーには縦長タイプの広告が有効です。

ブログサイト：記事ページ
https://support.google.com/adsense/answer/187653?hl=ja&ref_topic=29880

■ モバイル

　記事タイトル下と、記事下へ。シンプルな配置です。

旅行に関するサイト：記事ページ
https://support.google.com/adsense/answer/6026100?hl=ja&ref_topic=6026098&rd=1

Section 08-03 アフィリエイトをはじめよう

アフィリエイトとは、ブログ上で商品を紹介すると、売り上げに応じて報酬が支払われる広告の仕組みです。自分で在庫を持つ必要がないので、ブロガーはノーリスクです。多くの企業がアフィリエイトで広告を出稿しています。ブログの内容に合った商品やサービスを探してみましょう。

アフィリエイトの仕組み

　アフィリエイトとは、ブログで商品やサービスを紹介すると、販売額に応じた紹介料をもらえる広告の仕組みです。広告主側としては、売れた分だけ広告料を支払えば良いので合理的です。どのサイトからどれだけ売れたかなど、販売データを細かくモニターできることも魅力です。

　ブロガー側としては、商品の在庫を持つ必要はありません。売れれば売れるほど報酬が増えるので発展性があります。

　しかし、ブロガーと広告主が個別に提携して、成果を管理するのは面倒です。そこで、ASP（アフィリエイト・サービス・プロバイダー）という、広告主とブロガーを仲介する業者を利用します。ASPは、提携管理や販売数のカウント、報酬の支払いなどを引き受けてくれます。ASPを仲介することで、ブロガーは、紹介したい複数の企業と提携して、色々な広告を掲載できるのです。Amazonや楽天市場のように、独自にアフィリエイトを運営している会社もあります。

cookie有効期限とトラッキングについて

　どのブログを経由して商品が売れたかは、アフィリエイトリンクの中にある識別用のIDで判別します。広告主のページへ読者を送り込むと、読者のブラウザにcookieという、いつ、どのブログから来訪したかのデータが保存されます。

　アフィリエイトのcookieには有効期限があります。短いもので24時間、長いものだと3カ月以上の場合もあります。読者がクライアントのサイトを離脱しても、cookieの有効期限内に読者が再びクライアントのサイトへ戻って購入すれば、読者を送り込んだブログに報酬が支払われます。ただし、別のブログのアフィリエイトリンクを踏まれてしまうと、cookieが上書きされてしまい、報酬は別のブログに支払われます。リンクを

踏んでもらうだけでなく、なるべく早く購入してもらうように誘導できると、報酬額が増えます。売り込みが強すぎると、読者は違和感を感じてしまうので工夫が必要です。

アフィリエイトとは「送客」

アフィリエイトでは、最終的な購入作業はクライアント先のページで行われます。クライアントのページが不十分で、わかりにくいものだと、購入まで至らないことがあります。ブロガーはクライアントのページを操作できません。ブログができるのは、クライアントに興味のある読者をたくさん集めて、送り込むことだけです。検索エンジン経由で記事に直接流入してきた読者は、何か自分の問題を解決しようとしている場合が多いため、関連するクライアントに送客すると購入につながる可能性が高いです。

どれくらいの報酬が得られるか？

報酬額はクライアントによってさまざまです。商品の売り上げ金額の数%から数十%のように、売上に対する報酬率が決まっているものや、一回の購入やサービス利用、資料請求などで、一律数百円～数千円の場合もあります。

全般的に、ファッションや小物といった物販は報酬率が数%と低く、クレジットカードや証券会社、保険のような金融商品は一件数千円と報酬が高めであることが多いです。もちろん報酬額が高いほうが収益は高くなりやすいですが、ブログの内容とまったく関係のない広告を設置しても、売り上げにつながりません。

> 2日前に自分のブログから送客しても、次の日他のブログから送客されてしまうと、報酬が受け取れません

MEMO

最後のひと踏み問題

アフィリエイトは、一番最後にリンクを踏ませたサイトに成果報酬が支払われます。せっかく自分のブログで商品を知ってくれても、別のサイトから買われてしまうことがあるのです。
「ポイントサイト」と呼ばれるサービスはご存知でしょうか？ ポイントサイト経由で商品を購入すると、ポイントがもらえます。実は、このポイントの原資はアフィリエイトなのです。読者はポイントサイト経由で購入したほうがポイントをもらえるため、ポイントサイトで最後のひと踏みをします。せっかく読者に良い情報を提供できたのに、一番美味しいところだけポイントサイトに持っていかれてしまうのはおかしいのではないか？ という議論がアフィリエイト業界では起きています。一部のASPでは、cookieを複数発生させて、最初と最後のサイトに報酬を支払う試みを行っています。

Section 08-04 楽天市場とAmazonと提携する

楽天市場とAmazonは多くの商品を取り扱っていて、すべての商品をアフィリエイトで紹介できます。世の中で売っているほとんどの商品を網羅できます。お気に入りの商品をアフィリエイトで紹介しましょう。

ほぼすべての商品を網羅

　日本国内では、楽天市場とAmazonが通販のシェア2強となっています。両方ともアフィリエイト（Amazonはアソシエイトと呼ばれていますが、アフィリエイトのことです）に対応していて、取り扱っているすべての商品をアフィリエイトで紹介できます。両ネットショッピングモールとも取扱商品数が多く、世の中のほとんど商品を網羅できます。ブログを始めたら、まず2つのショッピングモールと提携しましょう。

　両者とも、「独自アフィリエイト」と呼ばれている、自社のアフィリエイトだけを取り扱うタイプです。ASP経由でも提携可能ですが、独自アフィリエイトで提携すると、売れた商品やショップの情報が見られて、分析しやすいです。

　楽天市場アフィリエイトは、楽天市場へ会員登録すれば、すぐに利用できます。Amazonアソシエイトは、審査があります。Google AdSenseと同じように、ブログを1カ月くらい運営して、記事が増えてきてから申し込みをしたほうが確実です。

　楽天市場アフィリエイトは、収益が楽天ポイントで支払われます。楽天ポイントは、楽天市場内で利用することが可能です。楽天ポイントは、楽天Edyに移行したり、最近はRカードでリアル店舗でも支払いにも利用できます。楽天銀行を経由して、キャッシュで引き出すことが可能です。ただし、10％程度の手数料がかかります。

収益アップのコツはリンクをクリックしてもらうこと

　楽天市場とAmazonのアフィリエイトで収益をアップするコツは、ずばり「リンクをクリックしてもらう」ことです。すべてのアフィリエイト広告に言えることですが、楽天市場とAmazonでは特に重要です。

　両者とも利用者が非常に多いので、リンクをクリックしてもらえれば、cookieの有効期限内に買い物してくれる可能性は高いです。紹介した商品と違う商品を購入しても、報酬が発生します。

特に楽天市場は報酬率が1%と低いですが、cookie有効期限が30日あるため、チャンスは多いです。Amazonはcookieの有効期限が24時間と短いですが、報酬率が3～5%と高く、ついで買いが多いので、高報酬が期待できます。

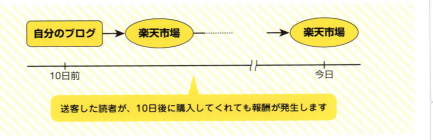

カエレバを使う

いつもAmazonを利用している人は、よほどのことがない限り、Amazonで買いたいはずです。いつも楽天市場を利用している人は、楽天市場で購入するでしょう。操作に慣れているショップで購入したいのです。各社が発行するポイントも理由の1つでしょう。一箇所で貯めたほうが使いやすいからです。

ブログ上のリンクがAmazonだけだと、いつも楽天市場を利用している読者は、自分で楽天市場に移動して、商品を検索して探して購入することになります。楽天市場へのリンクもあれば、読者さんも便利ですし、楽天市場のアフィリエイト収入が増えます。しかし、Amazonと楽天市場のアフィリエイトリンクを個々に作るのは、面倒です。そこでお勧めなのが筆者が作成した「カエレバ (http://kaereba.com)」です。紹介したい商品リンクを作ると、自動的にAmazonや楽天市場、Yahoo!ショッピングといった大手モールへのアフィリエイトリンクを自動的に生成します。収益アップが期待できます。ぜひ利用してみてください。

> **MEMO**
>
> **カエレバの誕生秘話**
>
> カエレバは2010年の夏に作りました。最初、書籍を横断紹介できるヨメレバというサービスを作ったところ、ユーザーから「書籍以外の商品も紹介したい」との意見をもらったのがきっかけです。
> 思いのほか多くのブロガーに使われています。ブロガーイベントに顔を出すと「カエレバの方ですか！」と言われることが多いです。

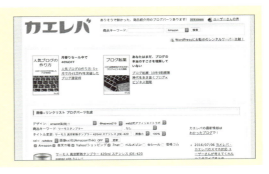

Section 08-05 ASP（アフィリエイト・サービス・プロバイダー）の利用方法

ASP（アフィリエイト・サービス・プロバイダー）に登録すると、多くの企業の広告を取り扱えるようになります。記事が増えてきたら、ASPにブログを登録してみましょう。掲載できる広告が一気に増えます。こんな有名な企業の広告を掲載してもいいの？　という大手企業の案件もあります。

お勧めASP

　一番お勧めしたいASPは、リンクシェアです。三井物産と米リンクシェアが立ち上げたASPで、現在は楽天市場の傘下に入っています。三井物産の強力なブランド力により、初期のころから、個人レベルではとても提携できないような大手企業の広告を取り扱っていました。現在も有名企業が多く、ブログのブランドを上げてくれます。

　次にお勧めしたいのが、バリューコマースです。Yahoo! Japanの子会社で、Yahoo!ショッピングと提携が可能な唯一のASPです。こちらも有名企業の取り扱いが多いです。A8ネットは最もユーザー数が多いASPです。大手企業だけでなく、中小企業の広告も多く、リストを眺めていると楽しいです。

登録しておきたいASPリスト

- リンクシェア
- バリューコマース
- A8ネット
- アクセストレード
- トラフィックゲート
- もしも・アフィリエイト

ASPは全部登録しておく

　ASPは基本的にすべて登録しておきましょう。Yahoo!ショッピングのように、リンクシェアでは提携できないけど、バリューコマースでは提携できるケースがあるからです。全部登録しておけば、新しい広告を掲載したいときに、すぐに対応できます。ASPの登録からだと、時間がかかってしまいます。

　ASPも、アドセンスやAmazonと同じように審査があります。登録するブログには、ある程度の数の記事をポストしておかないと、審査に通らないので注意してください。

審査は二段階

最初に登録するブログの審査があります。無事審査に通ると、次は広告案件ごとに審査があります。中には審査なしで取り扱える広告もあります。広告主は定期的に審査作業をしているはずですが、たまに数週間経っても承認されないことがあります。困ったときはASPのサポート窓口に連絡してみましょう。

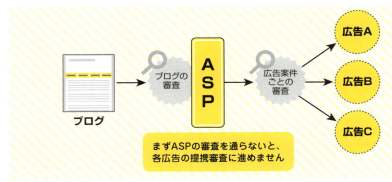

利用するASPは絞ったほうが良い

多くのASPに登録する一方で、実際に利用するASPはなるべく絞ったほうが効率的です。なぜなら、最低振込額が決まっているASPが多いからです。前ページのASPリストの中では、唯一リンクシェアだけは1円から振り込みされます。その他はすべて1,000円以上報酬が貯まらないと振り込みされません。ASPが分散していると、いつまでたっても報酬が振り込まれないことになります。

報酬額が増えてくると、ASP側から特別オファーなどの連絡が多くなります。担当者が付くことがあります。前述した広告主からの審査が下りないといったトラブルは、担当者がいるとスムーズに解決できます。特別単価をもらって、報酬額が2倍になれば、ブログ記事へのアクセス数が2倍になるのと同じことです。収益性が高まります。

広告を探す

アフィリエイトをしたい商品やサービスがあったら、[商品名orサービス名or企業名]＋[アフィリエイト]で検索しましょう。提携広告主をオープンに公開しているASPの情報が見つかります。各ASPの管理画面にある検索窓からも検索できます。他のブログで紹介されている商品やサービスを見かけて、自分のブログでも紹介したくなったらリンクにマウスカーソルを重ねてみましょう。ブラウザ下部のステイタスバーに表示されるリンク先のURLのドメインから、どこのASPで扱われているかわかります。

Section 08-06 アフィリエイトの具体的な導入のしかた

アフィリエイトバナーをブログのサイドバーに並べても、クリックされることはないでしょう。記事全体で商品やサービスを紹介して、アフィリエイトリンク経由で広告主のサイトへ送客すると成果につながりやすいです。

レビュー記事、ノウハウ記事、比較記事

ブログ記事の内容と関係のないアフィリエイトバナーを設置しても、売れることはありません。商品やサービスを詳しく紹介して、購入を促すような記事を書きましょう。

レビュー記事

お勧めの商品やサービスについて、特徴や利点、使用感などを実体験と共に紹介する記事です。自分が気に入っている商品の紹介は熱が入るため、購入に結びつきやすいです。ただし、商品名をキーワードにしたSEOは、競争が激しいです。切り口をずらして、次に説明する「ノウハウ記事」や「比較記事」も有効です。

ノウハウ記事

商品やサービスを購入する理由は、生活や仕事での不具合を解決して、より快適に暮らすことです。「〇〇社の画期的な電動歯ブラシ『□□□』」の記事よりも、「歯垢を徹底的に落し、輝く歯を手に入れる方法」の記事を書いて、〇〇社の電動歯ブラシをお勧めすると、歯ブラシの購入へつなげられます。

比較記事

電動歯ブラシの購入を考えている人のために、各社の電動歯ブラシの性能や特徴を比較してまとめた記事は、購入につながりやすいです。読者の代わりに詳しく調べてあげるのです。長所だけでなく、短所もしっかり書くことで、記事の信用がアップします。

無理にアフィリエイト広告を入れない

アフィリエイト報酬は、広告を設置しないことには発生しません。とはいえ、無理に広告を設置する必要はありません。すべての記事に無理やり広告をねじ込んでいるブログを見かけます。広告は基本的に嫌われる存在です。録画したテレビ番組を見る時、多くの人がCMを早送りします。広告が多すぎると読者に不信感を与えます。収益を得る記事と、広告無しで読者の信用を集める記事をしっかり分け、メリハリをつけましょう。

バナーリンクとテキストリンク

アフィリエイト広告には、バナーリンクとテキストリンクがあります。バナーリンクの方が目立って売れやすいと感じるかもしれませんが、実際はテキストリンクの方が成果につながりやすいです。バナー広告はサイズが大きく目立つのですが、広告色が強いので、クリックされにくい傾向にあります。テキストリンクは、コンテンツの中に溶け込むので、クリックされやすいです。

商品を紹介する場合、商品の写真と商品名のテキストリンクを並べて表示すると、クリックされやすいです。カエレバ（165ページ参照）を利用すると、簡単に作れます。

カエレバ利用例

> **MEMO**
>
> **アフィリエイトリンクはSEOに不利？**
>
> 「記事中にアフィリエイトリンクが多いと、検索順位が下がる」という噂は常に話題になっています。Googleからは、公式ブログにて、アフィリエイトに関する見解が公開されています。
>
> > では、独自コンテンツを作るにはどうすればいいでしょうか。
> > ここで、「独自コンテンツの作り方はこうです」と紹介するのはなかなかの難問です。なぜなら誰でもたやすく作れるものが、価値ある独自コンテンツであり続けることは稀だからです。
> > ですが、まずはあなたの専門性の高い領域について、他のサイトではまだ取り上げられていない情報や切り口を探してみてはいかがでしょうか？ また、もしあなたが専門家でなかったとしても、たとえばあなたが宣伝するその商品の、あなた自身の体験談を写真付きでまとめてあれば、それは立派な独自記事です。あなたの記事を参考にして、あなたに感謝する人も出てくることでしょう。
> >
> > アフィリエイトを導入されているウェブマスターの皆さまへ
> > (http://googlewebmastercentral-ja.blogspot.jp/2011/06/blog-post.html) より引用
>
> 専門知識や、体験談は独自記事となり、アフィリエイトリンクがあっても問題ないとされています。つまり、普通に書いた記事に、必要に応じてアフィリエイトリンクを設置するくらいなら、特に問題はないということです。
> ただし、アフィリエイトリンクは他のサイトへ積極的に誘導する性質のものなので、結果的にページの滞在時間が短くなり、順位が下がりやすいことは、完全には否定できません。

Section 08-07 ブログの利益の源泉は「信用」である

ブログを運営していく上で「信用」は一番大切です。信用があるからこそ、読者はブログ記事を読み、知り合いにシェアしてくれるのです。ブログの利益の源泉は「信用」であると心得ておきましょう。

毎日の活動が信用をつくる

　ブログで商品を売るには、記事で商品の魅力をしっかり紹介できているだけではなく、記事を書いているブロガー自身に信用があることが大切です。本当に良いと思っている商品やサービスを紹介し続けていれば、読者から信頼されて、ブログの価値が上がっていきます。自然と収益は増えていきます。

　「今日の記事は読者のためになっているのか？」と、自問自答しましょう。お店だって、お客さんのために尽くすからこそ、代金をもらえるのです。時には間違った行為をしてしまうことがあるかもしれません。素直に謝罪して反省する。再発させないよう対策する。良いことも悪いことも含めて、毎日の活動の積み重ねが、信用を作っていくのです。ブログ収益化とは、ブログとブロガーの信用を少しずつ削って、換金しているような一面があるのです。

信頼を失うのは一瞬、取り戻すのは一生

　報酬単価が高いだけで、ブログのコンセプトに合わない商品を無理に紹介すると、読者は違和感を感じます。自分にとって必要のない情報が増えてくると、次第に読者は去っていきます。ステマと言われる、こっそりクライアントからお金をもらって提灯記事を書く行為をしてしまうと、徹底的に叩かれます。法律的にも、景品表示法に違反する可能性があります。お金に目がくらんで、おかしな記事を書いてしまい、炎上してしまったら、信用を取り戻すには長い年月が必要です。オピニオン記事の炎上とは、まったく違います。オピニオンは「自己主張」です。意見は人それぞれなので議論すれば良いことですが、ステマは犯罪につながります。まさに「信頼を失うのは一瞬、取り戻すのは一生」です。

インターネット消費者取引に係る広告表示に関する景品表示法上の問題点及び留意事項
http://www.caa.go.jp/representation/pdf/111028premiums_1_1.pdf

Section 08-08 「売らずして売る」とは

アフィリエイトで商品を紹介すると、どうしても売り込みたくなってしまいます。しかし、読者は書き手の狙いに敏感に気がつき、不信感を持ちます。無理に売り込まなくても、興味がある人は買うし、興味が無い人は買いません。読者を増やせば、売り上げは自然に増えていきます。

売り込みは嫌われる

　成績の良い営業マンは流ちょうなセールストークを駆使して、お客さんを丸め込んでいるイメージがあるかもしれませんが、実際は違います。優秀な営業マンは、絶対に売り込みません。代わりに、世間話などを通じて、お客さんと「知り合い」になるのです。
　「人は、知っているものか、知っている人から買う」と竹内謙礼さんがセミナーで述べていました。知っている人がお店をやっていれば、一度は行ってみようかと思います。売り込んでしまうと、人々は拒否反応を起こして、二度と買いに来てくれません。ブログも同じで、売り込みばかりの記事をポストすると、読者が不信感を持ちます。読者との信頼関係を維持することが最優先です。

読者が増えれば売上は増える

　Google AdSenseは、ページビュー数の増加に比例して、収益が伸びる傾向にあります。Amazonや楽天市場も、毎日リンクを踏んでくれれば、Cookie期間中に、一定数の人が購入してくれて、成果になります。
　つまり、無理に売り込みをしなくても、ブログの読者が増えれば、Google AdSenseやアフィリエイトの売り上げは伸びていきます。買いたい人は、勝手に買っていくのです。売らずして売るの状況が作れれば、ブログ運営はもっと楽しくなります。

リアル店舗や営業マンを参考にする

　ブログ運営は、ネットのスキルよりも、飲食店や営業マンのノウハウの方が役に立ちます。ブログをお店や営業マンに見立てれば、同じ手法が使えることが多いです。
　本書で書いていきたことは、飲食店のマーケティング本や、営業ノウハウ本から学んだことをブログに落とし込んできた経験がベースになっています。ネットにこだわらず、ビジネスマンとして身に付けるべき知識を吸収し、ブログに活かしましょう。

Section
08-09

最初は広告を掲載しない戦略

ネットビジネスでは、収益化をはじめるとユーザー数の増加が止まってしまうことがあります。大手企業ですら、新しいサービスを公開したら、収益化をせずに、徹底的にユーザー増加を目指します。ブログも最初は広告なしではじめましょう。読者が十分増えてから広告を設置しても遅くありません。

収益化すると成長が止まる

あなたは、アフィリエイトリンクが入っている他のブログ記事を、自分のソーシャルやブログでシェアしてあげたいと思うでしょうか？ 躊躇してしまうはずです。アドセンスやアフィリエイトリンクを設置すると、他人から紹介されにくくなるのです。

読者が少ない段階で、アフィリエイトリンクがたった一つあるために、シェアされないのは致命的です。

インターネットは無料文化です。「嫌儲」という言葉があるように、他人を儲けさせることを嫌がる人は多いです。大手企業ですら、収益化の前にユーザー数を徹底的に増やすことを行っています。LINEとアメブロの例をご紹介します。

> 今回驚いたのは、LINEに広告はないということだ。ITにかぎらず、無料で使えるサービスに広告はつきものだ。ところが、森川さんは「企業が収益化を考えると、ユーザーはそれに気づいて離れていく。だからいま広告はやっていない」と言う。こうした姿勢がユーザーを惹きつけ、結果的に収益の増大につながっている。
> 儲けようとしないほうが、かえって儲かる。それがいまのビジネスのトレンドなのだろう。
> from：田原 総一朗「起業のリアル（プレジデント社）」より

> 立ち上げ途中の事業を無理やり短期的に黒字化させても、萎縮させるだけです。30億ページビューで収益化させ始めれば、そのメディアは30億ページビューのサイズのメディアになります。5億ページビューで収益化させ始めれば5億ページビューのメディアに、100億ページビューで収益化させ始めれば100億ページビューのメディアになるのです。収益化に本気で取り組まなくとも、自然と損益分岐点を超えていくような事業でなければ、本当に収益力のある事業に育つことは望めません。
> from：藤田晋「起業家（幻冬舎）」より

インターネット事業の経営者はプロです。ネット上の空気感を良く知っています。個人のブログでも最初は収益化せず、読者を増やすことに集中することをお勧めします。

収益化は天井が見えてから

いつまで収益化を待てばよいかというと、読者数の伸びが鈍くなってくるタイミングがベストでしょう。例えば、1年間収益化を我慢して読者数が10倍になっていれば、収益化を開始すると、過去10カ月分を1カ月で取り戻せます。その後も毎月多くの収入を得ることができます。

ブログを開始した直後の収益なんて、たかがしれています。少額の収益のためにブログの成長を鈍らせるのではなく、最初は収益化を我慢して、読者の増加にエネルギーを注ぎ込んだほうが、発展性があります。

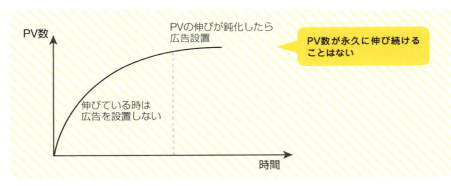

過去記事に広告を入れる

それでも、早く収益化をしてみたい方はいるでしょう。ブログを半年、一年と続けるのは大変です。多少の収益があれば、モチベーションが続きやすいのは確かです。新規記事には広告を入れず、最新記事リストから外れた過去記事に、アフィリエイトリンクやアドセンスを設置してみましょう。普段から読んでくれているリピーターの目には入りません。過去記事は検索エンジンからの流入がほとんどです。問題を解決したいという明確な目的を持っている読者がやってくるので、アフィリエイトリンクがあっても、問題ありません。WordPressはカスタムフィールドと簡単なプログラミングで、記事ごとにアドセンスの表示を制御できます。Simplicityテーマ（46ページ）は、記事ごとのアドセンス表示、非表示を切り替える機能がデフォルトで用意されています。

WordPressで記事ごとにアドセンス表示/非表示を切り替える方法
http://www.wakatta-blog.com/adsense_change.html

Section 08-10 毎日の生活を収益化する

生活の中で得たネタをブログに書くことで収益化ができれば、「生活することで生活する」という、永久機関のようなビジネスができあがります。「本当にそんなことできるのか？」と思うかもしれませんが、実現しているケースがあるのです。

生活そのものをコンテンツ化する

「藤原家の毎日家ごはん（http://ameblo.jp/mamagohann）」というブログをご存知でしょうか？　毎日の食事の様子をポストしている人気ブログです。

書籍化もされていて、累計60万部だそうです。一冊1,000円で10％の印税だとすると、6,000万円。当然ブログ収入はあるでしょう。講演、テレビ出演による収入もあるはずです。

この藤原家の毎日家ごはんは、「毎日の生活を収益化」する究極な形です。生活そのものをコンテンツにしています。日常の食事の様子が読者を引きつけています。楽しい生活をすればするほど、藤原家は収入が増えるという、理想的なビジネスモデルです。

生活の中で、コンテンツ化できるものを探してみましょう。自分にとっては普通なことでも、他人にとっては貴重な情報であるはずです。

みきママさんが運営する「藤原家の毎日家ごはん」。お子様がかわいい！

支出をブログで取り返す

　実際に購入した商品を、ブログで紹介すると収益化しやすいです。生の声は読者の興味を引きつけます。量販店で売っている商品ならば、楽天やアマゾンのアフィリエイトを通して紹介できます。楽天は報酬率が1%、Amazonは5%くらいです。よって、自分で買った商品をブログで紹介して、楽天経由なら100個、アマゾン経由なら20個売れれば、元が取れてしまうのです。

　読者が増えれば、元を取る以上に売れる可能性があります。買えば買うほど儲かるという、夢の様な話が実現します。もちろん、すべての商品がたくさん売れるわけではありません。ネットで多く売るには、ネットで購入する必然性と、商品自体に強烈な魅力が必要です。

生活の質を上げていく

　糸井重里氏の著書「インターネット的（PHP研究所）」に「消費のクリエイティブ」という言葉が出てきます。お金の使い方にはセンスがあり、人の魅力につながると述べています。ブログを運営すると、魅力的な商品を探すようになります。良い商品に囲まれた人生は、良いものになるはずです。

　自分の魅力・信用・ブランドが向上して、商品が売れて収益が増えれば、ブロガーも商品のメーカーも得をします。Win-Winです。消費のしかたは人の魅力の一部なのです。

> **MEMO**
>
> **サーモスタンブラーが1,000個以上売れた**
>
> サーモスタンブラーをご存知でしょうか？ 夜の氷が朝になっても溶けないくらい高い断熱性を誇る商品です。一度冷たいビールを注げば、温くならず、結露もしないすぐれものです。わかったブログで紹介したところ、ネット上でサーモスタンブラーブームが起きました。アマゾンや楽天の在庫が無くなってしまうほどでした。
>
> わかったブログ経由で売れたサーモスタンブラーは、累計で1,000個を超えています。自分が本当に惚れ込んだ商品を、熱く語れば売れるのです。サーモスタンブラーを超える商品に出会いたいです。

毎年夏になると、サーモスタンブラーの記事をポストしています。

Section 08-11 記事広告は絶対にチャレンジする

ブログの読者が増えて、ネット上で影響力を持ってくると、個別に記事広告の依頼が来るようになります。記事広告は書くだけで報酬がもらえるため、確実です。ただし、記事広告であることを明記しないと「ステマ」になってしまいます。注意が必要です。

10,000円を稼ぐためにはいくら売る？

　10,000円を稼ぐには、Googleアドセンスなら5万PVぐらいのアクセスが必要です。楽天アフィリエイトは報酬率1%なので、100万円の売り上げ、Amazonなら報酬率5%で20万円の売り上げが必要になります。かなり高いハードルです。

　しかし、記事広告であれば、一記事で数千円〜数万円の収益を得ることができます。ただし、記事広告といっても、何でも受ければ良いわけではありません。オファーの中には、グレーな内容が含まれるケースがあります。ブログのテーマとまったく異なる案件も、受けにくいです。記事広告をポストすることによって、ブログの信用を削ってしまうようなことは、絶対に避けましょう。

広告であることを明記する

　記事広告は、広告主からお金をもらって記事を書きます。金銭の享受があったことを隠してしまうと、ステマ（ステルスマーケティング）となり、景品表示法に違反する可能性があります。さらに怖いのが「信用の失墜」です。ステマがバレると、炎上することが多いです。ブログ運営において信用は一番大切な資産です。記事広告には、広告であることを明記しましょう。

　モニターなどで商品を無料でもらった場合も、金銭の享受と変わりません。モニターでいただいたことを、記事中に明記しておきましょう。

タイトルに【PR】をつける

前ページの写真のように、記事タイトルには【PR】の表記を入れましょう。

また、Googleはペイドリンク（お金でリンクを買う行為）を禁止しているため、クライアントのページへのリンクには「rel="nofollow"」を付けておくと確実です。

```
<a href="https://www.makuake.com/project/hyperdisk_x/" rel="nofollow">
大容量データ転送も簡単快適！超小型・指サイズSSD「HyperDisk X」登場</a>
```

3倍面白い記事を書く

人々はなるべく広告が目に入らないように生活しています。広告が好きな人は少ないでしょう。面白い記事を書いたとしても、広告であることで、面白さが半減してしまうのです。よって、記事広告を書くときは、いつもより3倍面白い記事を書く気構えが必要だと言われています。入念に構成やストーリーを練りましょう。

広告主側からの意向もあるはずです。色々な制限の中で、面白い記事を書く経験は、ライティング能力を養うことにつながります。

オファーは良く吟味する

依頼が来たら、商品や販売元の情報をよく吟味しましょう。信頼できないと感じた場合は、断ったほうがよいでしょう。

下手な商品を紹介してしまうと、ブログのブランドを損なってしまいます。疑問がある場合は、質問して解消しましょう。

依頼を受ける場合も、「商品の長所だけでなく、短所もレビューする」「実際に利用してみて、こちらの期待に沿わない商品だった場合は、記事の執筆は行わない」ということを相手に伝えておきましょう。また、前述した【PR】や「rel="nofollow"」も一緒に確認しておきましょう。

> **MEMO**
>
> **モニターでいただいたお気に入りの商品**
>
> 筆者がモニターでいただいて一番気に入っている商品が、こちらのスタンディングデスクです。高さを自由に上下でき、座っても立っても作業ができます。もちろん、現在も愛用しています。

【PR】デスクワークでの眠気を防止する画期的な「机」とは？
https://www.wakatta-blog.com/deskwork-sleepiness.html

Section 08-12 収益性の高いミニサイトを作る

ブログの仕組み上、過去記事は埋もれてしまいます。特定のジャンルの記事が増えてきたら、過去記事を元に、別にミニサイトを立ち上げましょう。ジャンルを絞るため検索エンジンの順位が上がりやすく、収益性が高いです。

作りやすい小規模なサイトをテーマごとに運営する

ブログを続けていると、特定のジャンルの記事が増えてくることがあります。雑記ブログだと、過去記事の中に埋もれてしまいます。

特定ジャンルのブログ記事をピックアップ、再編集して、専門サイトとして公開すれば、情報を読者にわかりやすく伝えられます。

ただし、ページ数が多い大規模なサイトを目指すと、ハードルが高くなってしまいます。そこで、お勧めなのが「ミニサイト」です。5～10記事くらいのコンパクトなサイトならば、作りやすいでしょう。

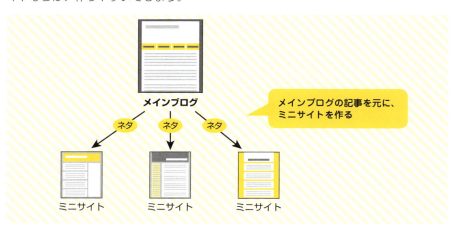

ミニブログの記事を書く

既存のブログ記事を、そのままミニサイトに利用してしまうと、コンテンツの重複がおきてしまい、SEO的に不利になります。

ミニサイト用の記事は、過去記事を参考に新規に書き下ろすことをお勧めします。新

しい情報を加えたり、古い情報はカットして、内容を充実していきましょう。

ミニサイトもコンセプトが大切です。読者に興味を持ってもらえそうなサイトタイトルを考えて、コンセプトに沿った、読みやすい記事構成にしましょう。

ミニサイトは収益性が高い

ミニサイトはジャンルを絞って作ります。詳しい情報を細かく掲載できるので、お店で言うと専門店のような感じになります。読者にとっては、余計な情報を読む必要がなく、自分が知りたい情報だけを読めるので便利です。

検索エンジンからの評価が高くなる傾向にあり、上位表示されやすいです。読者の問題を解決するようなコンテンツを作成して、解決に必要な商品をアフィリエイトを通じて紹介すると、売れやすいです。

では、ミニサイトだけ運営すればよい？

収益を目指して、ミニサイトだけを運営している方もいます。しかし、作ったミニサイトすべてが成功するとは限りません。検索エンジンで上手く上位表示できないと、まったく読まれないサイトになるリスクがあります。

ブログを運営していれば、ブログからミニサイトに読者を送り込めます。検索エンジンのランキングは、被リンクの効果が大きいので、メインブログの記事からミニサイトにリンクするだけでも、上位表示されやすくなります。

ブログを更新することで、アクセスを集めやすいジャンルを知ることができます。毎日テストマーケティングをしているようなもので、ミニサイトのヒントを見つけやすいのです。ブログとミニサイトを上手く補完させて運営するとベストです。

> **MEMO**
>
> **ミニサイトの例**
>
> 著者が作ったミニサイトを紹介します。
> 『見ると幸せになれる「黄色い新幹線」と出会う方法 まとめ（http://www.wakatta-blog.com/post_700.html）』という記事をブログにポストしたら好評だったので、この記事をスピンアウトして「ドクターイエロー目撃情報」というミニサイトを作りました。
>
> ドクターイエローを観るための方法をより詳しくまとめました。ドクターイエローファンのために関連グッズなども紹介しています。
>
>
>
> ドクターイエロー目撃情報
> http://doctoryellow.info/

Section 08-13 有料コンテンツを作成する

ブログをフロントエンドとして利用して、有料サービスへ誘導して収益化する方法があります。商売をしている方なら、自社商品やサービスへ誘導します。普通の個人ブログであれば、有料コンテンツを作って販売へ結びつけるとよいでしょう。

ブログ記事を電子書籍化する

　ブログ記事を活用する方法は前述のミニサイトだけではありません。記事を編集して、電子書籍として出版することでも、収益化できます。書籍のコンセプトを決めて、コンセプトに沿った記事をピックアップして電子書籍を作ります。ネットで無料で読める文章を、電子書籍にして、買ってくれる人がいるのか？　と疑問に思うかもしれません。これが売れるのです。良い記事だけをピックアップするだけで、キュレーション（情報の整理）の価値が生まれます。ネットでお目当ての記事を探して読むのは大変なのです。Kindle出版を利用すると、印税は最高70％です。設定できる最低金額の250円で販売すると、印税は160円ほど。1,600円の書籍の印税額と同じです。価格を十分下げられるため、ブログ記事をまとめた電子書籍でも、売れるのです。

> **MEMO**
>
> **電子書籍の本当のメリット**
>
> 電子書籍といえば、印税率の高さがよく話題になりますが、実はもっとすごいメリットがあります。電子書籍は「古本」が発生しないのです。
> 一般の書籍は、安い古本が出回ってしまうと、著者には一銭も入ってこなくなります。一方、電子書籍は売れた分だけ確実に印税が発生します。印税が最大70％と高く、値段を下げても利益を確保できるため、価値ある本であれば、ずっと売れ続けます。筆者が2015年に出版した電子書籍も、少しずつですが現在も売れ続けています。
> でんでんコンバーター（http://conv.denshochan.com/）という、テキストファイルをEPUBファイル（電子書籍のファイル形式）に変換してくれるツールが登場したことにより、電子書籍は誰でも簡単につくれるようになりました。アマゾンの電子書籍読み放題サービス（Kindle Unlimited）も始まり、収益化のチャンスが広がっています。チャレンジする価値はあります。

筆者が出版した電子書籍。ブログ記事をピックアップしてまとめて作りました。

読者の質問に答えるメルマガを発行する

　ブログでネット上で知名度が上がってきたら、有料メールマガジンを発行してみると良いでしょう。有料メールマガジンでは、ブログよりも質の高い情報を提供するのが筋です。メールマガジンにリソースが集中してしまい、ブログ記事の質が落ちてしまいます。ブログをメインに活動する本書の主旨とは合いません。

　そこで、読者の質問に答えるメルマガはどうでしょうか？　メルマガに登録している人だけが質問できます。質問の答えは、メールマガジンで公開します。他のメルマガ読者にも読まれてしまいますが、他の人の質問と答えを読むことができます。人々の生の質問を読めるだけでもメリットがあります。

　読者が増えないと質問が増えないので、メルマガ開始当初は厳しいです。読者が増えて軌道に乗ってくれば、安定してメルマガを発行できます。この方法は、堀江貴文氏や永江一石氏のメールマガジンで行われているので、登録して読んでみてください。初月度は無料です。

noteの活用

　noteの課金機能を利用すれば、コンテンツに課金できます。月極めの有料メールマガジンのような使い方も可能です。noteはスマートフォンでも読みやすく、画像や音声、動画も利用可能です。メルマガとは違った使い方が可能です。メールマガジンと同じように、質の高いコンテンツを有料化で公開する他に、メールマガジンのバックナンバーを有料で公開するなど、過去のコンテンツの再利用にも活路がありそうです。

> **MEMO**
> **分散型メディアの可能性**
> これまでは、ブログを情報発信のメインに位置づけて、ソーシャルメディアを利用して、ブログに読者を読み込む集客を行ってきました。しかし、最近はブログではなく、各メディアにコンテンツを直接アップする「分散型メディア」が始まりかけています。
> どういうことかというと、例えばわかったブログの場合、「わかったブログ」というブログ自体がなくても、わかったブログのブランドの元で、Facebookやnote、Mediumなどに記事を直接ポストすれば、メディアとして成り立つということです。
> とはいえ、すぐに状況が変わるわけではありません。当面はブログがメインでしょう。どんな変化が起きても対応できるように、ブログにしっかり実績を積み重ねていきながら、新しいメディアも積極的に活用していくことをお勧めします。

> **MEMO**
> **税金について**
> ブログで年間20万円以上の収益が発生すると、税金を払う必要があります。必ず払いましょう。副収入あることを会社に知られたくない人もいるでしょう。会社にバレる最大の理由は、住民税です。役所から会社へ毎年送られる「課税通知書」に、副業分も合計した住民税の額が記されてしまうのです。確定申告の際に、住民税は「自分で納付」を選択することで、会社へ知られることはなくなります。

Section 08-14 リアルビジネスにつなげる

ブログの読者が増えれば、多くの人にメッセージを届けられるようになります。ビジネスで一番大切なのは集客です。ブログを利用して集客できれば、リアルのビジネスにつなげることが可能です。今はイメージできないかもしれませんが、リアルビジネスへの発展の可能性を知っておくと、チャンスを見逃しません。

ブログからのリアルビジネス例① 商業出版

ブログの読者が増えてくると、商業出版の可能性が開けてきます。なぜなら、ブログの読者が本を買ってくれる計算が立つため、出版社としてもリスクが少ないからです。

出版社の担当者から連絡が来る場合もありますし、自ら出版社に企画を持ち込むこともできます。ブロガー界隈には出版経験のある方が多いです。著者ブロガーさんと知り合いになりましょう。出版社の担当者を紹介してもらって、企画案を提出すると、スムーズに話が進みます。ブログで人気のある記事をベースに、内容を膨らまして1冊の本にするケースが多いです。

ブログからのリアルビジネス例② イベント・勉強会・セミナー

得意な分野でイベントや勉強会を開く人も多いです。ボランティア的な小規模なものから始めて、有料セミナーなどに発展させていきます。

人気ブログと合わせて、商業出版の経験があると信用度が増して、集客しやすくなります。周囲から講演の依頼があれば、積極的に引き受けましょう。講演の実績は貴重です。

ブログからのリアルビジネス例③ コンサルティング

ブログ運営について、相談に乗ってあげるビジネスもあります。最近は、個人ブログだけでなく、お店や企業もブログで情報を発信しています。上手く回っていないところが多いので、ニーズはあるでしょう。コンサルティングの役割は、正解を教えることではありません。クライアントと一緒に考えることです。ブログ運営で得た経験を元にしたアドバイスは、クライアントにとって貴重な情報になるはずです。

ビジネスを興す

人気ブログを運営していれば、ブログで集客が可能です。ビジネスを始めれば、なにもない所から始めるよりは、成功する可能性は高くなります。もちろん、ビジネス自体の筋が良いことは必要です。ネットでの集客なので、リアルのビジネスよりは、ネットを活用したビジネスの方が、親和性は高いです。筆者も、スマートフォンを利用したサービスの立ち上げを目指しています。

> **MEMO**
> ### ブログで起業
> 知り合いのブロガーがラーメン屋を開業しました。お店の名前はブログと同じに。ブログからの収入がリスクヘッジになるので、キツくてもやっていけるねと話をしました。
> そんな心配は杞憂に終わりました。彼のラーメン屋は大繁盛。多くのブログ読者が駆けつけたのです。ブログはこうやって使うものだと思い知らされました。起業したい方は、ブログを始めることをお勧めします。ブログなら、いま勤めている会社で働きながらでも運営できます。自分のビジネスに関係する記事をポストすることで、成功の可能性を感じ取ることができます。読者のコメントから、ビジネスのヒントを貰えます。見込み客も集まります。アイデアは頭の中にあるだけでは意味がありません。ブログでアイデアを世にぶつけて、磨いていきましょう。

こっさりスープ＆味噌が自慢の
らーめん春友流
なまら春友流
http://harutomo-ryu.com/

> **MEMO**
> ### 日本アフィリエイト協議会へ加入しよう
> アフィリエイトでブログ収益化をするなら、日本アフィリエイト協議会への加入をお勧めします。アフィリエイトはシンプルで強力な仕組みであるため、不正が多いです。間違った方法で利用してしまうと、犯罪につながるケースもあります。協議会は警視庁や消費者庁、関係団体と連携し、法律や納税の遵守や、正しい方法で成果を伸ばすための方法に関する情報を、メルマガやSNS、勉強会を通じて啓蒙しています。

日本アフィリエイト協議会
http://www.japan-affiliate.org/

おわりに

　書籍の出版は、私の夢でした。ブログ指南本を出版するアイデアは、ブログがブレイクした頃から持っていました。出版セミナーに参加し、企画を作り、知人を通して出版社の編集者に何度かお会いして、企画を説明してきました。
　しかし、出版までこぎつけられませんでした。出版社は企業です。企業が動くには論理的な理由が必要です。「今の時期にブログ本を出版する理由はあるのか？」と聞かれ、出版社を説得できる強い理由を説明できませんでした。

　月日が経ち、ふと電子書籍でブログ本を出版してみようと思い立ちました。ブログの書き方に関するブログ記事をリストアップして、多少の加筆修正と簡単な表紙をつけて、一週間くらいで完成しました。Kindle Direct Publishingで販売してみました。妻とは「トータル100冊くらい売れたら良いね」と話をしました。

　販売開始した朝に、すぐに10冊ほどオーダーが入りました。やった！ と思いました。さらに本は売れ続け、昼過ぎには100冊以上売れました。多くのブログが書評記事をポストしてくれました。Kindleランキングが上がり続け、最高2位まで上がりました。5,000冊以上売れて、今も売れ続けています。

　電子書籍が売れている様子を見かけたのでしょう。出版社さんの方からオファーをいただき、本書にて商業出版を実現することができました。

　そして最近、もう一つ夢を実現しました。先生になる夢です。
　地元のデザイン会社から、「新しい雑誌を作るからコラムを書いてくれないか？」と依頼を受けました。
　社長さんがマラソンを始めて練習方法を探していたときに、私のブログ記事を読んでくれたのがきっかけでした。地域密着型の雑誌です。地域振興は私のミッションで、静岡を応援できればと、快く引き受けました。

　とある打ち合わせで、「若いころは先生になりたかったんですよ」と話をしたら、社長さんが覚えていて取り次いでくれたのです。デザイン会社を通じて、デジタルハリウッドスタジオ静岡の講師のオファーを頂きました。こちらも静岡を盛り上げていくことにつながるかなと思い、引き受けました。

　両方ともブログがきっかけでした。ブログを通じてチャンスが生まれて、幸運にも夢を実現することができました。

2005年に行われたアフィリエイトカンファレンスで、元はてなCOOの伊藤さんが、「ブログをアフィリエイトだけに活用するのはもったいない。もっと色々な可能性のために活用すべきだ」と述べていて、なるほどなと思ったことがあります。今まさに、私自身が、ブログを色々な可能性のきっかけとして活用し始めています。

ブログ記事を書いて、広告収入を得るだけのスタンスでは、お金は入ってくるかもしれませんが、それだけです。周りを動かしたり影響することはできません。

ブログを目的とするのではなく、自分が好きなこと、やりたいことを実現する手段をして活用したほうが、お金より大きなものを得られます。ブログは夢を実現するためのツールなのです。

本文にもつづりましたが、「書くから実現する」は本当です。ブログで自分の夢や目標、実現したいことをアピールしてみましょう。人生はレストランと同じで、具体的にメニューを注文しないと、何も出てきません。ブログ運営を通して、自分が欲しいものを明らかにしていきましょう。

私には、叶えたい夢が、たくさんあります。これからもブログを良きパートナーとして、一つ一つ夢を実現していきたいです。

最後になりましたが、なかなか原稿が進まない中、粘り強く対応していただいたソーテック社の大波様、素晴らしいチャンスをくれた、株式会社サンクの孕石様、デジタルハリウッドスタジオ静岡様、楽しく交流させてもらっている全国のブロガーの皆様にお礼申し上げます。

そして、いつも貴重な意見をくれるビジネスパートナーである妻と、私に人生の喜びを与えてくれる二人の息子に感謝します。

2016年9月吉日　菅家 伸（かん吉）

本書の感想を連絡してくれると嬉しいです

わかったブログ　http://www.wakatta-blog.com
ツイッター　@kankichi
フェイスブック　https://www.facebook.com/wakattablog
電子メール　kankichi20@gmail.com

最新情報は特設ページで　https://www.wakatta-blog.com/ninki-blogger-book

参考図書

▶コンセプト

白いネコは何をくれた？（フォレスト出版）／佐藤義典
新人OL、つぶれかけの会社をまかされる（青春出版社）／佐藤義典
新人OL、社長になって会社を立て直す（青春出版社）／佐藤義典
デザインセンスを身につける（ソフトバンククリエイティブ）／ウジトモコ
成功は"ランダム"にやってくる！　チャンスの瞬間「クリック・モーメント」のつかみ方（CCCメディアハウス）／フランス・ヨハンソン, 池田紘子
ゼロ・トゥ・ワン―君はゼロから何を生み出せるか（NHK出版）／ピーター・ティール, ブレイク・マスターズ, 瀧本哲史
世界一わかりやすいマズローの夢実現法則（東邦出版）／児玉光雄

▶ライティング

不良の文章術（NHK出版）／永江朗
誰も教えてくれない人を動かす文章術（講談社現代新書）／齋藤孝
新しい文章力の教室　苦手を得意に変えるナタリー式トレーニング（できるビジネスシリーズ）（インプレス）／唐木元
1行バカ売れ（角川新書）／川上徹也
ウェブで儲ける人と損する人の法則（ベストセラーズ）／中川淳一郎
秋元康の仕事学（NHK出版）／NHK「仕事学のすすめ」制作班

▶マーケティング

影響力の武器 なぜ、人は動かされるのか（誠信書房）／ロバート・B・チャルディーニ, 社会行動研究会
お客をつかむウェブ心理学（同文館出版）／川島康平
世界最高位のトップセールスマンが教える 営業でいちばん大切なこと（ソフトバンククリエイティブ）／小林一光
お客様は「えこひいき」しなさい！（中経出版）／高田靖永
インターネット的（PHP研究所）／糸井重里
起業家（幻冬舎）／藤田晋

▶ブランディング

ツイッターノミクス TwitterNomics（文藝春秋）／タラ・ハント 津田大介, 村井章子
明日のブランディング 伝わらない時代の「伝わる」方法（講談社）／佐藤尚之
年収が10倍になる！　魔法の自己紹介（フォレスト出版）／松野恵介
「その他大勢」から一瞬で抜け出す技術 過小評価されているあなたを救うスピード・ブランディング（日本実業出版社）／松尾昭仁

▶コミュニケーション

自分の小さな「箱」から脱出する方法（大和書房）／アービンジャー インスティチュート, 金森重樹, 冨永星
嫌われる勇気―――自己啓発の源流「アドラー」の教え（ダイヤモンド社）／岸見一郎, 古賀史健

▶IT・ネット

人工知能は人間を超えるか（KADOKAWA/中経出版）／松尾豊
ソーシャルメディア維新 ～フェイスブックが塗り替えるインターネット勢力図（マイナビ出版）／オガワカズヒロ, 小川浩, 小川和也
効果がすぐ出るSEO事典（翔泳社）／岡崎良徳
必ず結果が出るブログ運営テクニック100 プロ・ブロガーが教える"俺メディア"の極意（インプレス）／コグレマサト, するぷ

▶マネタイズ

今すぐ使えるかんたんEx　アフィリエイト　本気で稼げる！ プロ技セレクション（技術評論社）／竹中綾子, 三木美穂
現役アフィリエイターが教える！ しっかり稼げる　Googleアドセンスの教科書（技術評論社）／三木美穂
マンガでわかるアフィリエイト（秀和システム）／あびるやすみつ, えいぴぃ
本気で稼ぐための「アフィリエイト」の真実とノウハウ（秀和システム）／あびるやすみつ
マネーの拳（小学館）／三田紀房

INDEX

数字
4行日記フォーマット 92

アルファベット
AISAS..96
Amazon..232
ASP..234
Evernote..94
Facebook Debuger 123
Facebookのapp_id....................148
Facebookページ............. 106, 166
Google AdSense 222, 224
Google Analytics 158, 164
Google Analyticsの目標機能 ..174
Googleサーチコンソール..........160
IFTTT..141
Kindle..71
meta description......................145
note 249
OGPタグ..119
PDCA..20
RSSリーダー................................100
SEO...144
Serposcope.................................177
SNS...18
Twitshot 146
Twitter............................... 110, 166
Twittercard.................................123
URL...202
WordPress.....................................27
WordPressテーマ 46
WP Social Bookmarking Light
....114

あ行
アイコン...206
あとがき 68
アフィリエイト
.... 222, 230, 232, 236
イベント..219
エゴサーチ 136
炎上................................... 19, 209
お金...16
お気に入り.......................... 99, 138

か行
カウンター....................................212

カエレバ..233
画像 62, 64
カテゴリー分け 202
関連記事......................................200
キーワード..............................40, 144
記事広告................................ 222, 244
記事タイトル..........................52, 54
キャッシュ......................................194
切り口...31
クリック誘導................................225
グルメレポート..............................74
検索エンジン.........................99, 144
検索フォーム................................198
広告.. 222, 237
更新....................................... 24, 128
子テーマ..190
コメント 135, 137, 216
コンセプト..............................30, 214

さ行
サーバー..192
雑記ブログ.....................................47
差別化...35
集客..96
純広告...222
書評...69
遂行...80
スマートフォン 76
するぷろ...77
節約術...89
セルフブックマーク 139
専門ブログ.....................................47
ソーシャルコメント 170
ソーシャルボタン 112, 125, 213
ソーシャルメディア......98, 103, 111

た行
ターゲット............................ 38, 208
棚卸...36
チェック..156
デザイン................................ 44, 188
電子書籍化..................................248
独自ドメイン...................................28
ドメイン..42
トラブル..88

な行
日本語チェッカー 81
人気ブログ......................................18
忍者おまとめボタン 117

ネガコメ 137

は行
パーマリンク................................202
バズ 130, 132
はてなブックマーク 110, 139
はてなブックマークIDと
ブログの紐付け 150
はてなブックマークと
Twitterを紐付け........................153
表示速度............................. 192, 197
フォロアー............................ 18, 134
ブクマ通知レシピ 141
ブックマーク...................................99
太字...60
ブログ名..40
プロフィール......................... 15, 204
プロブロガー........................ 10, 219
分散型メディア 249
ペルソナ...38
法律違反..87
補助線...31
ホッテントリ 140

ま行
マーケティング 34, 96
まとめ記事....................................90
マネタイズ....................................222
見出し...56
ミッション.......................................37
ミニサイト....................................246
無料ブログ....................................27
メルマガ.......................................249
目標...172
モバイルフレンドリーテスト ...186

や行
ユーザビリティ 182
有料コンテンツ 248

ら行
楽天市場.....................................232
リピーター......................................98
レスポンシブデザイン...............182
レビュー記事.................................72
ロゴ画像...44
ロジカルシンキング......................57

■本書について
本書に記載されている会社名、サービス名、ソフト名などは関係各社の登録商標または商標であることを明記して、本文中での表記を省略させていただきます。
システム環境、ハードウェア環境によっては本書どおりに動作および操作できない場合がありますので、ご了承ください。
本書の内容は執筆時点においての情報であり、予告なく内容が変更されることがあります。また、本書に記載されたURLは執筆当時のものであり、予告なく変更される場合があります。
本書の内容の操作によって生じた損害、および本書の内容に基づく運用の結果生じた損害につきましては、著者および株式会社ソーテック社は一切の責任を負いませんので、あらかじめご了承ください。
本書の制作にあたっては、正確な記述に努めていますが、内容に誤りや不正確な記述がある場合も、著者および当社は一切責任を負いません。

ゼロから学べるブログ運営×集客×マネタイズ 人気ブロガー養成講座

2016年10月31日　初版　第1刷発行
2024年5月20日　　　　第14刷発行

著者	菅家 伸（かん吉）
装丁	植竹裕
発行人	柳澤淳一
編集人	久保田賢二
発行所	株式会社　ソーテック社
	〒102-0072　東京都千代田区飯田橋 4-9-5　スギタビル 4F
	電話（注文専用）03-3262-5320　FAX03-3262-5326
印刷所	図書印刷株式会社

©2016 Shin Kanke
Printed in Japan
ISBN978-4-8007-1140-3

本書の一部または全部について個人で使用する以外著作権上、株式会社ソーテック社および著作権者の承諾を得ずに無断で複写・複製することは禁じられています。
本書に対する質問は電話では受け付けておりません。また、本書の内容とは関係のないパソコンやソフトなどの前提となる操作方法についての質問にはお答えできません。
内容の誤り、内容についてのご質問がございましたら切手・返信用封筒を同封のうえ、弊社までご送付ください。
乱丁・落丁本はお取り替え致します。

本書のご感想・ご意見・ご指摘は
http://www.sotechsha.co.jp/dokusha/
にて受け付けております。Web サイトでは質問は一切受け付けておりません。